1週間で

C言語の基礎が学べる本

亀田 健司 著

インプレス

ダウンロードの案内

本書に掲載しているソースコードはダウンロードすることができます。パソコンの WEB ブラウザで下記 URL にアクセスし、「●ダウンロード」の項目から入手してください。

https://book.impress.co.jp/books/1120101014

学習を始める前に

● はじめに

本書は、これからC言語のプログラミングを始めようとしている人のための入門書です。説明を全7章、7日分に分けて、1日1章分学んでいけばC言語のプログラミングの基礎について学べるようになっています。

しかし、学習を始めるにあたって1つ強調しておきたいことがあります。それは、「C言語を勉強したこと」と「C言語で自由にプログラムが書けること」はイコールではない、という点です。

それは、英会話の習得を例にすれば、わかっていただけるかと思います。世の中には、「1週間で身に付く英会話」といった本がたくさんありますが、それらを読むことによって、実際にそれだけの期間で英会話をマスターした人に、皆さんは会ったことがあるでしょうか？　おそらく筆者も含めて、ほとんど皆無でしょう。

しかし、あえて言わせてもらえば、1週間もあれば、プログラミングは誰にでも、ある程度できるようにはなります。なぜそう言い切れるのかというと、筆者自身がかれこれ10年以上、プログラミング教育の世界に携わってきたからです。以下、筆者の経験をもとにして、その理由を説明していきましょう。

● プログラミング教育の現場で起こっていること

筆者はこれまで、企業研修、専門学校など、さまざまな場面でプログラミングの教育を行ってきており、それなりに高い評価をいただいてきたつもりです。

授業を行っていて気が付いたのは、以下の3点です。

◉ できる人とできない人が極端に分かれる

授業が始まり、最初は簡単なツールの使い方から説明が始まるのですが、2回、3回と授業が進み、少しずつ授業が難しくなっていくにしたがって、ひと握りのよくできる生徒と、それ以外の生徒、といった具合に、クラスが極端に二分されていきます。

どうも、プログラミングには素養のようなものがあり、授業で教えられる内容が「スッ」と頭に入るタイプの生徒と、授業の最後まで、今ひとつ飲み込めない生徒の２タイプに分かれるようなのです。

たいていの場合、この差は授業の最後まで、ほとんど埋まることはありません。授業の途中あたりで何となくプログラミングのコツのようなものがつかめて、メキメキと力を付けてくる生徒もいますが、できる生徒はそれ以上に伸びるので、この差があまり埋まることはなく授業が終わります。

◉ 経験者が有利とは限らない

授業以前に、プログラミングの経験があったり、勉強したりしてきた生徒が有利かといえば、決してそんなこともありません。大学や専門学校でプログラミングをすでに学んでいて、何の経験もない生徒よりはるかに有利なはずの生徒でさえも、途中でどんどん抜かれていくというケースが少なくありません。

経験もあって素養もあるというケースは別として、どうやら、経験があるからプログラミングが上達するかというと、決してそんなこともないようです。

◉ 真面目さや学力とも比例しない

また、きちんと真面目に勉強しているからプログラミングの能力が高くなるかというと、必ずしもそうではありません。怠慢で勉強をしていないというなら話は別ですが、実は一生懸命勉強をしたからといって、それがそのままプログラミングの実力に結び付くわけではないのです。

事実、社員研修などでプログラミングを教えていても、いわゆる「偏差値」が高い大学出身の人や、授業で熱心に板書をノートにとり、資格を取得できる能力を持ち、かつ真面目な生徒であるにもかかわらず、ことプログラミングとなるとさっぱり、というケースは、実はよくあるのです。

実は外国語学習に似ているプログラミング学習

いったい、なぜこのようなことが起こるのでしょうか？　やはりプログラミング能力は、才能に依存するのでしょうか？　確かにそういう側面もあるかもしれませんが、少なくとも、実用的なアプリを作る程度のプログラミング能力に到達する程度であれば、筆者はそんなに才能が必要だとは思っていません。

強いていえば、「プログラミングの学習方法が間違っている」というのが正解かもしれません。というのも、教える立場として、筆者は以前からプログラミング教育に関して、ある種の「違和感」を持っていました。そしてそれは、外語国学習の間違いと似ています。

日本人は、中学校・高校（近頃では小学校でも）でかなり長い時間、英語を習います。にもかかわらず、ほとんどの人が英語をしゃべられるようにはなっていないというのが現実です。しかし、英語はアメリカやイギリスに行けば誰でも話せる言語です。同じ人間である日本人が、しゃべられないわけはありません。

事実、中学・高校の英語教育で英語がしゃべれなかった人が、英会話教室に通うことで、普通にしゃべられるようになるというケースは珍しくありません。これは中学や高校の英語授業が、受験などの試験対策にポイントを置いているのに対し、英会話学校は、あくまでも会話ができることを目指した授業形態や教材を提供しているからです。

◉ プログラミング学習に関する誤解

通常、外国語で会話しようと思ったら、最低でも 1 ～ 2 年はかかるのが普通です。よほどの天才や語学の学習に慣れた達人であれば話は別でしょう。しかし、普通の人が外国語をマスターするには、膨大な数の会話・文章などの実例に触れ、反復訓練しないと、なかなかまともに会話をしたり文章を読んだりできるようにはなりません。

では、前述のように「1 週間で～」と題しているような本の内容はインチキなのでしょうか？　筆者は必ずしもそうは思いません。実は、どんな外国語でも、その言葉の骨格となる文法ぐらいは、普通の人でも 1 週間から 10 日もあれば学べるものです。そのため、「英語についてざっと知りたい」場合、1 週間もあれば十分なのです。

そうすると「しかし、それと英会話ができることはまた別じゃないですか」と反論される方もいるでしょう。そうです、まったくそのとおりです。外国語を学ぶということは、最初にちょっとだけ文法を学び、あとは膨大な「実践」の作業を繰り返して、体にしみこませていく作業だからです。実は、プログラミングに関しても、まったく同じことがいえるのです。「プログラミング言語」という言葉からもわかるとおり、プログラミングを学ぶことは、コンピュータという機械と会話するための「外国語」を学ぶことです。つまり、「プログラミング言語」という言語をある程度理解するだけなら、1 週間もあれば十分で、そのあとは実践を繰り返して、しみこませていく工程が必要なのです。

プログラミング学習の三本柱

そうは言うものの、やはりC言語のようなプログラミング言語と、人が日常的に使っている言語とでは、同じく「言語」でも、大きな違いがあります。そこでまずは、C言語に限らず、プログラミングに必要な学習の三本柱を紹介したいと思います。

①文法のマスター

文法のマスターは、人が外国語を学ぶときと一緒です。ただ、人が使う言語に比べて、プログラミング言語の文法はびっくりするくらい単純です。そのため、文法だけの説明であれば2～3日、ある程度プログラムに慣れた人は1日もあれば慣れてしまいます。

初心者にとっては敷居が高いかもしれませんが、それでも基礎を学ぶのには1週間もあれば十分です。

②アルゴリズムとデータ構造の理解

アルゴリズムとは、簡単にいえばプログラムの大まかな構造のことです。プログラムは人の命令を処理するための手順のかたまりなのですが、手順をどう処理していくかという段取りのことを、アルゴリズムといいます。また、データ構造とは、プログラミングにおいて、データを扱う仕組みです。

実は、アルゴリズムとデータ構造は、プログラミング言語が違っても、ほぼ変わることはありません。というよりも、そもそもこのアルゴリズムを記述するために、プログラミング言語が存在するのです。そのため、いったん何らかのプログラミング言語をマスターしてしまえば、ほかのプログラミング言語も簡単に理解できます。

③プログラムの例題に数多く触れる

外国語学習の例で触れたとおり、プログラミングの上達には、ある程度以上の量の実例、つまりプログラムに触れておく必要があります。そこで、文法やアルゴリズムが、どのように記述されているのかがわかるのです。冒頭に挙げた「実践」の繰り返し部分がそれにあたります。ですから①、②を学んだらあとはひたすら、③を実践していくだけなのです。

「学習の三本柱」という言葉を使いましたが、三本の中では、要する時間は③が一番長いことになります。

この本の活用方法

実際のところ、多くの入門者は、文法の学習とアルゴリズムの理解あたりでつまずいてしまいます。その理由は、これら基本事項を学習してから実践に移るまでのハードルが、あまりにも高すぎるからです。つまり、**基礎訓練から実践までの乖離があまりに大きすぎる**、それが現在のプログラミング教育の問題なのです。

多くの企業の新入社員教育では、①および②の段階までは何とか研修期間内に身に付けてもらい、現場に出てから実地で③を頑張る……というスタイルになっているのが実情です。前述の問題は特に②と③の間に存在します。頑張って言語を覚えたけれど、結局、実用的なアプリを作れずに終わってしまっている人は、この段階でつまずいているのです。

そこで、本書では特にこの段階、つまり文法を覚えてからある程度高度なプログラミングができるようになることを重点に説明していきます。

そのため、**このテキストはぜひ3回読んでほしいと考えます**。それぞれの読み方は以下のとおりです。

◉ 1回目：

全体を日程どおり1週間でざっと読んで、基本文法とプログラミングの基礎を理解する。問題は飛ばしてサンプルプログラムを入力し、難しいところは読み飛ばして、流れをつかむ。

◉ 2回目：

復習を兼ねて、冒頭から問題を解くことを中心として読み進める。問題は難易度に応じて★マークが付いているので、★マーク1つの問題だけを解くようにする。その過程で、理解が不十分だったところを理解できるようにする。

◉ 3回目：

★マーク2つ以上の上級問題を解いていき、プログラミングの実力を付けていく。わからない場合は、解説をじっくり読み、何度もチャレンジする。

このやり方をしっかりとやれば、プログラミングの高度な技術が身に付いていくことでしょう。

本書の使い方

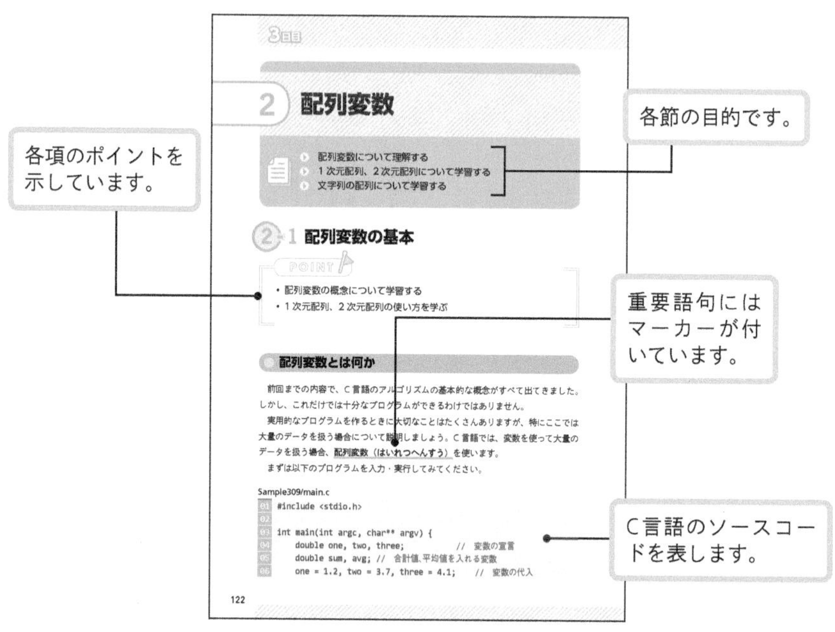

各項のポイントを示しています。
各節の目的です。
重要語句にはマーカーが付いています。
C言語のソースコードを表します。

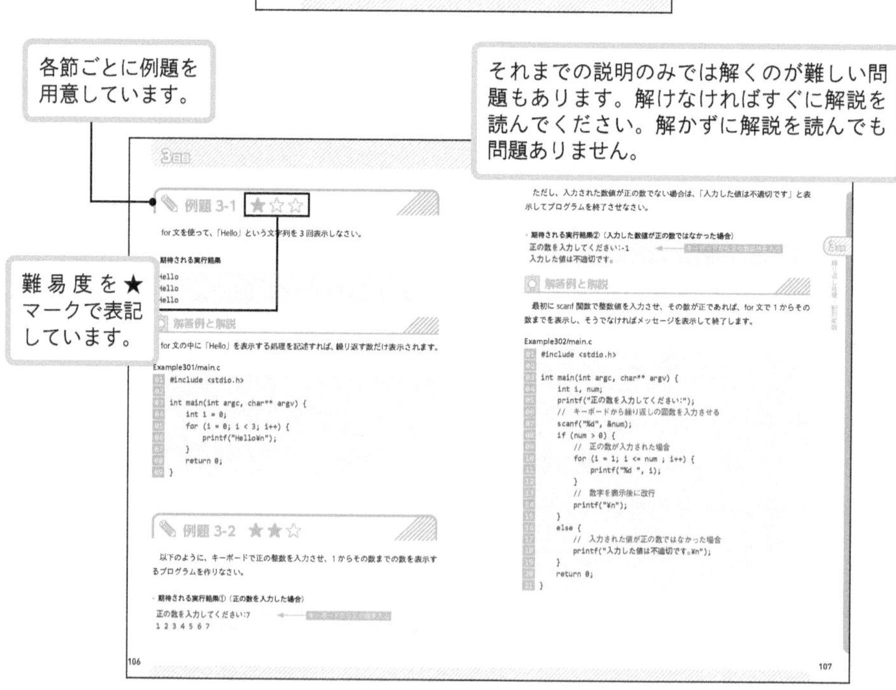

各節ごとに例題を用意しています。
それまでの説明のみでは解くのが難しい問題もあります。解けなければすぐに解説を読んでください。解かずに解説を読んでも問題ありません。
難易度を★マークで表記しています。

目次

1日目

はじめの一歩

1. プログラミングとは何か
2. プログラミングの基本的な考え方
3. はじめてのプログラム
4. 練習問題

1 プログラミングとは何か

- C言語を学習する前に最低限の前提知識を身に付ける
- コンピュータでプログラムが動く仕組みを理解する
- C言語がどのような言語なのかについての知識を身に付ける

1-1 コンピュータの仕組み

- コンピュータの基本的な仕組みを理解する
- 基礎となる用語や概念の意味を知る

プログラミングの学習を始める前に、コンピュータの仕組みについて説明していきます。プログラミングにおいては、コンピュータの仕組みの理解とそれに関連するいくつかの用語の意味を知ることが欠かせません。なぜなら、ある程度プログラミングの学習を進めていくと、どうしてもコンピュータの仕組みの知識がなければ超えられない「壁」が存在するからです。すべてとは言いませんが、挫折してしまう人の多くは、この点を理解できずにあきらめてしまうのです。

ここでは、それらの基本的な概念と用語について説明していきます。

デジタルとアナログ

コンピュータはデジタル回路の一種なので、まずはデジタルとアナログの違いから説明していきましょう。アナログは連続した量（例えば時間）を、ほかの連続した量（例えば角度）で表示することを指します。温度や時間などの概念がそれにあたります。

それに対して、上記のような量を整数の値（digit）としてデータで表現することをデジタルといいます。コンピュータ内は、0と1だけの数字（2進数）を使って動作するため、デジタルな装置であるということができます。

• アナログ信号の例

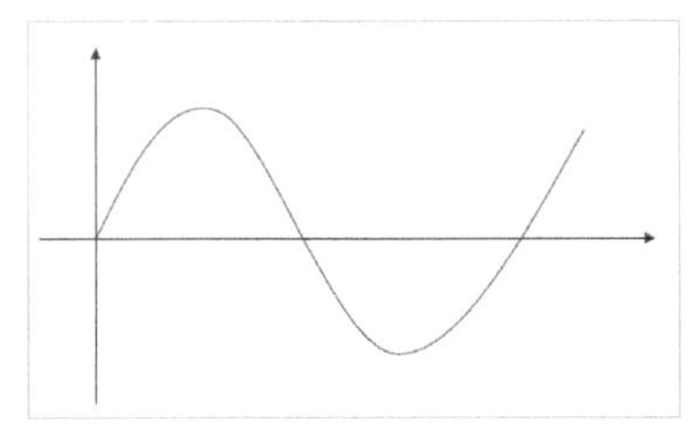

• デジタル信号の例

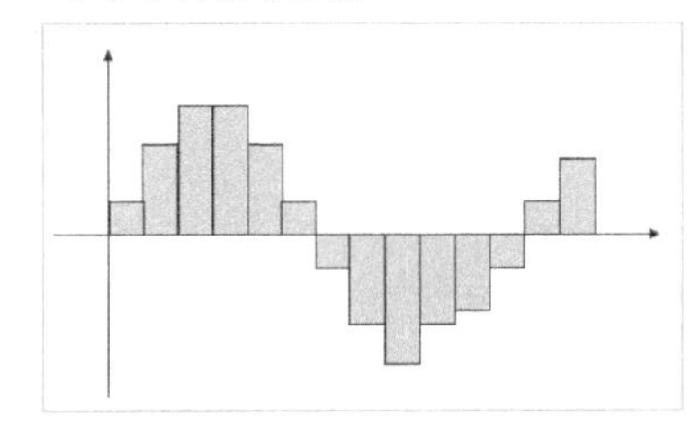

ビットとバイト

コンピュータは、基本的に「0」と「1」でしか情報を表現することができません。この「0」か「1」のどちらかしか表現できない情報の単位のことを、ビット（bit）と呼びます。ビットが8つ集まった単位をバイト（byte）と呼びます。バイトとは2の8乗、つまり256種類の情報を取り扱うことが可能で、これが基本的にコンピュータでメモリなどの情報量を扱う単位として使われています。

• ビットとバイト

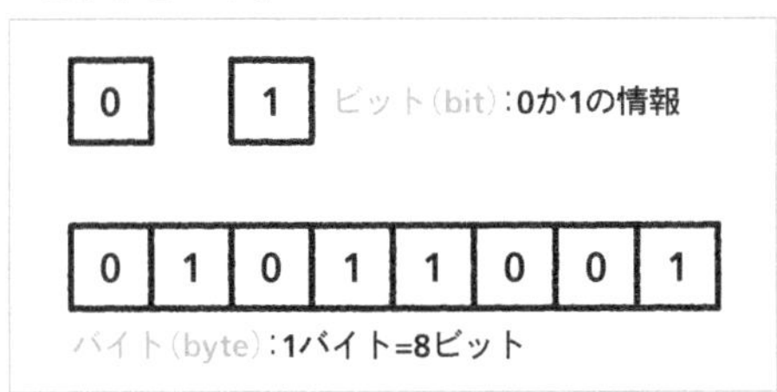

さらにコンピュータのメモリの記憶容量を表す単位として「MB（メガバイト）」とか「GB（ギガバイト）」という表記が使われますが、この先頭についている「M（メガ）」と、「G（ギガ）」といった単位は、ビットの情報量を表します。

それぞれの容量は以下のとおりになります。

- 1,024B = 1KB（キロバイト）
- 1,024KB = 1MB（メガバイト）
- 1,024MB = 1GB（ギガバイト）
- 1,024GB = 1TB（テラバイト）

2 進数と 16 進数

コンピュータの内部では、数値が **2 進数（binary number）** で表されています。日常生活で使っている 10 進数とは違い、2 進数には、数字が 0 と 1 しかありません。例えば 433,919 という数字を 2 進数で表すと、1101001111011111111 になります。0 と 1 ばかりで人間には大変わかりにくいですね。しかし、コンピュータにとってはこの 2 進数を利用するからこそできる、さまざまな処理があります。

10 進数は 0 から 9 までの 10 種類の数字を使って数を表し、数が 0 から 1、2、3...... と順に増えていくとき、7、8、9 までは 1 桁ですが、次は桁上がりして 10 になります。これは私たちが普段使っている表記ですからおなじみですね。そのほかにプログラミングでは 16 を基数として表した **16 進数**もよく使われます。16 進数には 16 種類の数字が必要ですが、文字としての数字は 0 から 9 までの 10 種類しかないので、アルファベットの A ～ F（小文字を使うこともある）を数字として利用します。

10 進数、2 進数、16 進数の対応関係は下表のようになります。

● 10進数、2進数、16進数の対応関係

10進数	2進数	16進数
0	0000	0
1	0001	1
2	0010	2
3	0011	3
4	0100	4
5	0101	5
6	0110	6
7	0111	7

10進数	2進数	16進数
8	1000	8
9	1001	9
10	1010	A
11	1011	B
12	1100	C
13	1101	D
14	1110	E
15	1111	F

16 進数は 2 進数を扱いやすくするためによく使われます。例えば 16 進数で FF は、2 進数で 11111111 となります。この数は 10 進数では 255 という中途半端な数値ですが、1 バイトで表すことができる最大の数値です。このように、2 進数および 16 進数はバイト単位で数値を表記する際にキリがよい表現であることがわかります。

論理演算

コンピュータは電子機器の 1 つですが、その基本は**論理回路（ろんりかいろ）**と呼ばれる回路によって構成されています。これは論理演算を行う電気回路および電子

回路で、真理値の「真」と「偽」、あるいは2進法の「0」と「1」を、電圧の強弱で表現します。これによりAND、OR、NOTといった論理演算が実現されます。

以下これらの論理演算について説明します。

AND演算

AND演算（アンドえんざん）の機能は、英語のANDの意味そのもので、「〜かつ〜」という意味です。

・AND演算の論理回路

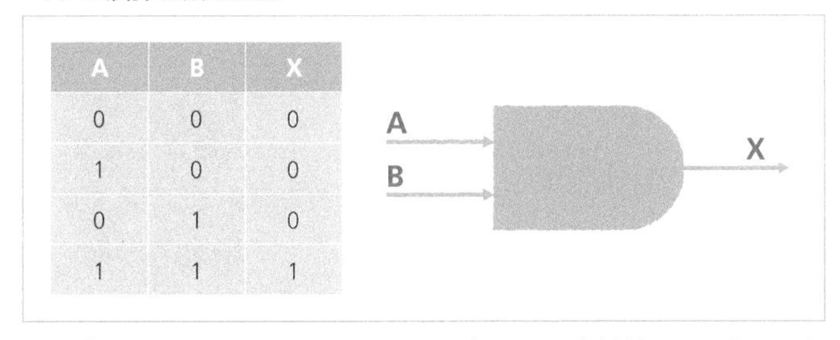

A	B	X
0	0	0
1	0	0
0	1	0
1	1	1

演算する2つの値AとBの両方が1なら演算結果Xが1になり、それ以外は0になるのです。これは、掛け算の性質と大変似ているため、**論理積（ろんりせき）**と呼ばれます。

では、実際に8ビットの論理積の例を見てみましょう。01101101と11110000のAND演算を行ってみます。複数の桁がある場合は、対応する桁でそれぞれAND演算を行います。その結果、得られる答えは01100000となります。

・AND演算の例

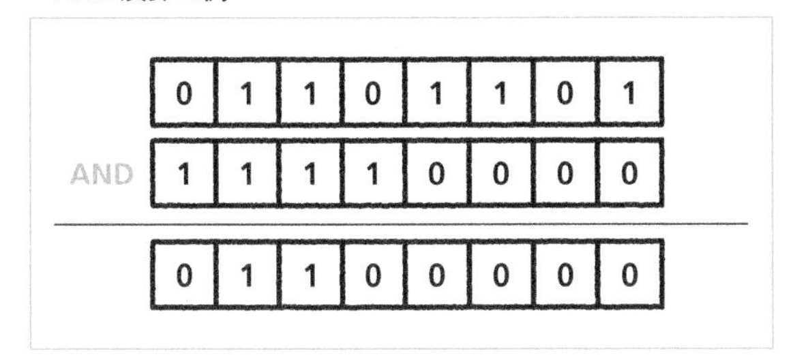

OR演算

OR演算（オアえんざん）の機能は、英語のORの意味そのもので、「〜または〜」という意味です。そのため、OR演算結果では、AとBの2つのうち、どちらかが1

であれば、答えのXは1になります。これは、足し算の性質と大変似ているため、**論理和（ろんりわ）**と呼ばれます。ただ、実際の足し算と違うのは、両方が「1」でも、桁上がりは起こりません。

● OR演算の論理回路

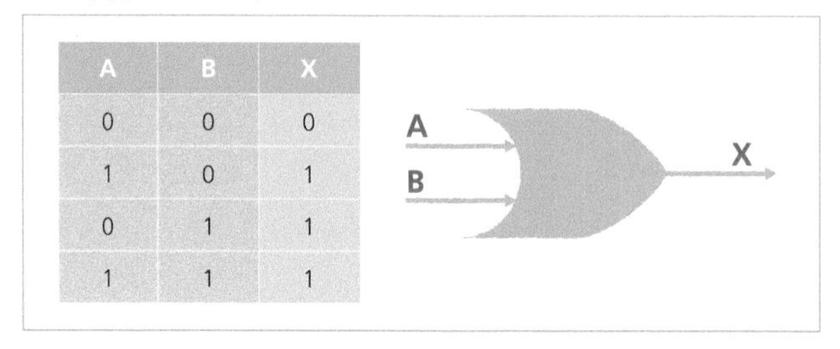

A	B	X
0	0	0
1	0	1
0	1	1
1	1	1

では、実際に8ビットの論理和の例を見てみましょう。ANDの場合と同様に、01101101と11110000のOR演算を行います。複数の桁がある場合は、対応する桁同士でそれぞれOR演算を行います。その結果、得られる答えは11111101となります。

● OR演算の例

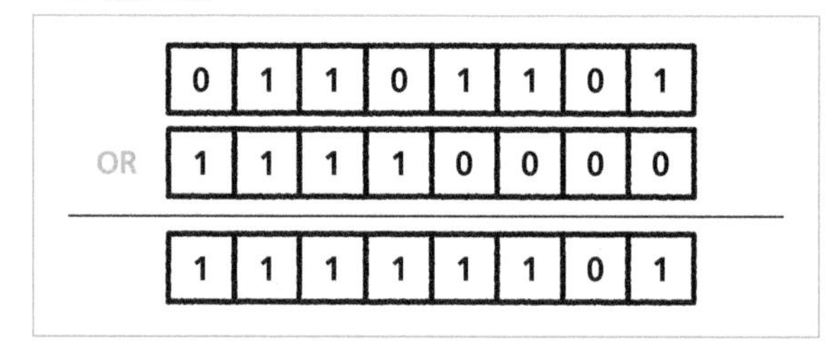

◎ NOT演算

最後に、2進数による**NOT（否定）**を見てみましょう。この演算は非常に単純で、0と1をひっくり返すだけです。

● NOT演算の論理回路

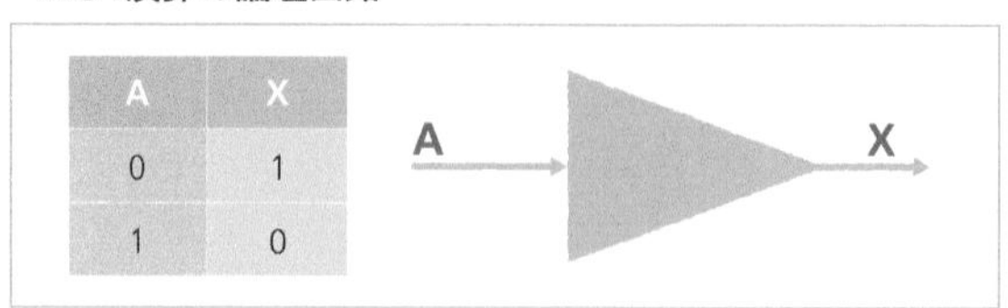

A	X
0	1
1	0

実際に 8 ビットの否定の例を見てみましょう。01101101 に否定演算をすると、その結果得られる答えは 10010010 となります。

● NOT演算の例

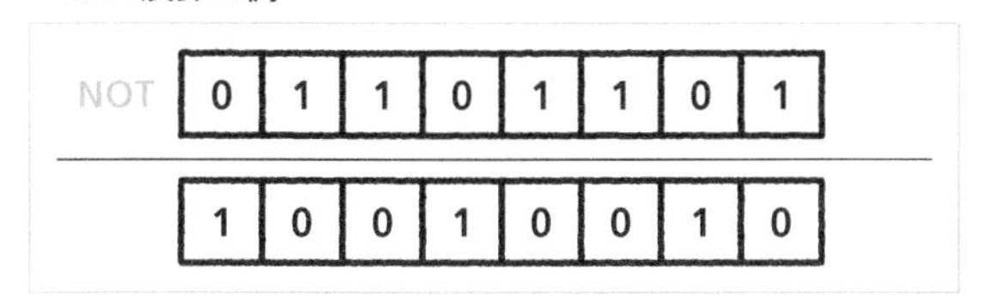

論理回路の組み合わせ

AND、OR、NOT の働きはすぐには理解しにくいと思いますが、これらの論理回路を組み合わせると、足し算や掛け算といったさまざまな演算を行う回路を作ることができます。コンピュータの頭脳にあたる CPU は、無数の論理回路の集合体です。

● 論理回路を組み合わせた例（1ビットの足し算を行う回路）

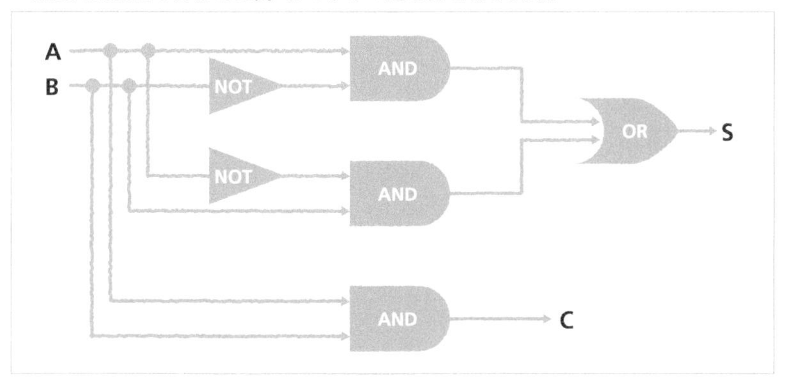

コンピュータの集積回路

現在のコンピュータは、論理回路を大量に集積させて作られています。そのような回路を構成する基本要素のことを、**素子（そし）**といいます。

素子は、次ページのような変化を遂げてきました。使われる素子の種類によって、第 1 世代から第 4 世代にまで分類されます。現在使われているコンピュータは、第 4 世代に分類されます。

第1世代：真空管（しんくうかん）

最初のコンピュータは真空管を使って作られました。今のパソコンに比べてはるかに非力なコンピュータを作っても、ビルぐらいの大きさを必要としました。

真空管の欠点は、大きすぎることと寿命が短いことでした。そのため、真空管で作ったコンピュータの性能にはおのずと限界がありました。

第2世代：トランジスタ

半導体という素材を利用したトランジスタの出現によって電子回路が小型化し、それによりコンピュータの小型化・高性能化が実現できるようになりました。

それでも個人が使えるレベルには程遠いものでしたが、トランジスタは1つのチップ上に大量に集積することができるため、さらなる小型化への道を開くことになりました。

第3世代：IC

ICとは、Integrated Circuit（**集積回路**）の略です。トランジスタ、抵抗、コンデンサ、ダイオードなどの素子を集めて基板の上に装着し、各種の機能を持たせた電子回路がICです。ICの出現によりコンピュータはさらに小型化されました。

第4世代：LSI

Large-Scale Integration（**大規模集積回路**）の略です。素子数が1,000を超え、ICよりもより集積度を上げたものがLSIです。現在のコンピュータのメモリやCPUは、このLSIです。

1-2 コンピュータの内部構造

- プログラムの前提となるコンピュータの構造を知る
- コンピュータが動作する仕組みを理解する
- ソフトウェアの種類を理解する

現在のコンピュータは、多数のLSIを搭載したマザーボードと呼ばれる基盤に、

CPU やハードディスク、メモリ（DRAM）などの部品を接続した構成になっています。それらは、バスと呼ばれる電気信号の経路で結び付けられています。

以下の例はパソコンの場合ですが、スマートフォン、タブレット、ゲーム機などもほぼ同じような構造になっています。

● コンピュータの内部構造

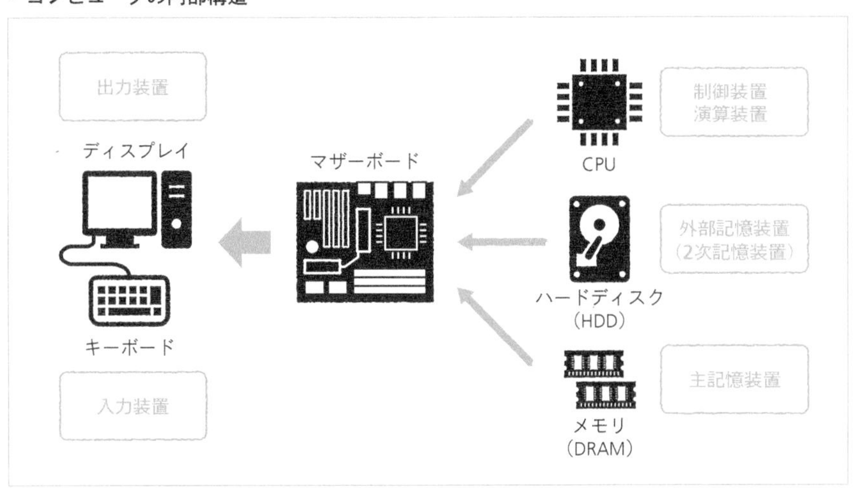

CPU

CPU（Central Processing Unit：シーピーユー）は、コンピュータなどにおいて中心的な処理装置として働く電子回路のことです。CPU はプログラムにしたがってさまざまな数値計算や情報処理、機器制御などを行いますが、プログラムを実行させる部分がこの CPU なのです。

通常、コンピュータのプログラムは、次に説明するメモリに記録されています。CPU はメモリから命令やデータを読み出し、解釈してプログラムを実行します。その結果メモリを書き換えるなどの処理を行います。

例えば、「1+2」という足し算の計算をする場合、メモリから足し算の命令と数字の「1」と「2」を読み出し、計算結果の「3」をメモリに書き込みます。規模の大きなプログラムになっても、この流れは変わりません。

● コンピュータ内での処理の流れ

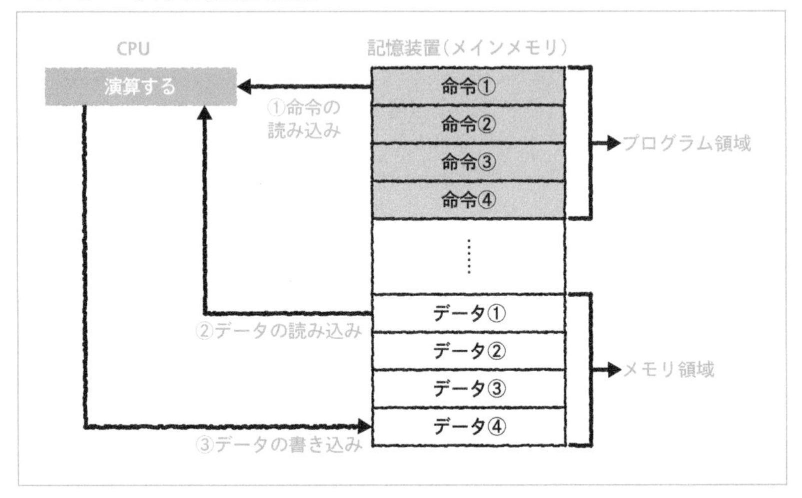

メモリ

コンピュータにはさまざまな種類の**メモリ（Memory）**が内蔵されています。メモリの役割は、その名前からわかるとおり「記録する」ことにあり、プログラムやデータなどを保存するのがその役割です。目的に応じて利用方法が異なっています。

コンピュータのメモリには、大きく分けて**RAM（Random Access Memory）**と、**ROM（Read Only Memory）**の2種類があります。RAMは、何度も自由にデータを読み書きできますが、コンピュータの電源が切れるとデータが消えてしまいます。ROMは読み出し専用であり、コンピュータの電源が切れてもデータは消えません。RAMは、その構造によって大きく分けて**DRAM（Dynamic RAM）**と**SRAM（Static RAM）**と呼ばれるものに分類されます。

コンピュータに内蔵されているメモリには以下のような種類があります。

◎ メインメモリ

パソコンをはじめとするコンピュータには、**メインメモリ**というメモリが搭載されています。主にメインメモリにはDRAMが使用されます。

メインメモリの役割は、コンピュータのデータやプログラムを保存することです。メインメモリには、**アドレス（番地）**という数値が割り振られ、データにアクセスする際にはアドレスを指定して行います。

・メモリのアドレス

アドレス	データ							
	0	1	2	3	4	5	6	7
0001								
0002	0	1	2	3	4	5	6	7
0003								
0004								
⋮	⋮	⋮	⋮	⋮	⋮	⋮	⋮	⋮

キャッシュメモリ

CPUは、内部に**キャッシュメモリ（Cache Memory）**もしくはキャッシュと呼ばれるメモリを持っています。キャッシュにはSRAMが使われており、メインメモリのDRAMよりも処理スピードが速いのが特徴で、メインメモリからデータをコピーし、処理を高速に実行することができます。

フラッシュメモリ

コンピュータで利用されるメモリはRAMやROMばかりではありません。近年盛んに利用されるようになったメモリに、**フラッシュメモリ（Flash Memory）**と呼ばれるものがあります。フラッシュメモリは、データの消去・書き込みを自由に行うことができ、なおかつ電源を切っても内容が消えない半導体メモリの一種で、RAMとROMの両方の特性を兼ね備えています。

このように便利なフラッシュメモリですが、書き込み回数に制限がある、読み書きのスピードがRAMに比べて遅いなどといったさまざまな制約もあります。したがって、主な利用方法はパソコン本体のメモリというより、記録メディアとして利用されます。パソコンに接続して使う**USBメモリ**や、スマートフォンやデジタルカメラなどで使われる**SDカード**、さらにはパソコンのストレージとして内蔵される**SSD（Solid State Drive）**などがあります。

ハードディスク

ハードディスク（Hard Disk）は 2 次記憶装置の一種です。2 次記憶装置とはコンピュータの主要部分の外部に接続して、プログラムやデータなどを記録する装置のことです。ハードディスクのほかにも CD-R、CD-RW、書き込み型 DVD、SSD、USB フラッシュメモリなどがそれにあたります。コンピュータのメインメモリは、電源を切ってしまうと記憶されている情報を消失してしまいます。そのため、プログラムやデータは電源を切っても記録が維持される 2 次記憶装置に保存しておき、必要に応じてメインメモリに読み込んで処理を行う必要があります。

ハードディスクは、磁性体を塗布した円盤を高速回転させ、その上で磁気ヘッドを移動させることで、情報の読み書きを行います。

パソコンのハードディスクには、OS やアプリケーションソフト（アプリ）、文書データなど、さまざまなファイルが保存されています。

ハードディスクの欠点は、機械式な装置であるために、メモリと比べてアクセスに時間がかかることと、衝撃に弱い点にあります。そのため近年では、その欠点を補うフラッシュメモリをベースとした SSD を内蔵するパソコンが増えています。

1-3 ソフトウェアとは何か

- ソフトウェアの種類を理解する
- OS がどのような働きをしているかを理解する

コンピュータはハードウェアだけでは何もできません。コンピュータを利用するためには、ソフトウェアが必要です。ソフトウェアには、大きく分けてアプリケーションソフトウェアとシステムソフトウェアの 2 種類が存在します。

ソフトウェアの種類

◉アプリケーションソフトウェア

私たちが「コンピュータを使用する」という言葉から連想する主な利用方法は、次のようなものではないでしょうか。

- **インターネットで Web ページを閲覧する**
- **Word や Excel で書類を作成する**
- **音楽を聴く**
- **ゲームをして遊ぶ**

このどれもが、コンピュータ内部にある**アプリケーションソフトウェア**を利用することにより実現されます。

アプリケーションソフトウェアとは、コンピュータ上で特定の作業を行うことを目的に用意されたプログラムのことで、「アプリケーションソフト」や「アプリケーション」「アプリ」と省略されて呼ばれることもあります。

私たちが通常ソフトウェアという言葉で連想するのは、ほとんどがこのアプリケーションソフトであるといえます。前述の例でいうと、

- **Web ページの閲覧……Web ブラウザーソフト**
- **書類の作成……ワープロソフトや表計算ソフト**
- **音楽を聴く……音楽再生ソフト**
- **ゲームをする……ゲームソフト**

という具合になります。このように、私たちが「コンピュータを使用する」ことは、さまざまなアプリケーションソフトを利用することであるのがわかります。

◉ システムソフトウェア

しかし、アプリケーションソフトのみがコンピュータソフトウェアのすべてというわけではありません。現在のコンピュータでは、アプリケーションソフトとは別に直接ハードウェアを操作・制御するための OS（Operating System）というソフトウェアが組み込まれています。

OS とは、ハードウェアとアプリケーションソフトの間に立って、各アプリケーションがハードウェアをバランスよく使用できるように管理・制御するための特殊なソフトウェアです。OS が存在することによって、ハードウェアの構成をある程度気にすることなくアプリケーションを開発することができます。また、OS は私たちユーザーにとってコンピュータを使いやすくするための環境を提供してくれます。

・OSの役割

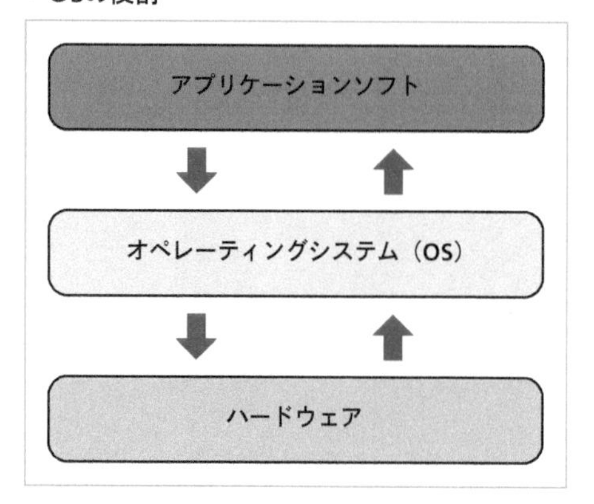

OSのように、システムの根幹となるソフトウェアのことを、**システムソフトウェア**といいます。

システムソフトウェアは、オペレーティングシステムの基本機能を拡張するためのミドルウェアや、さらにはROMなどの集積回路に格納されたファームウェアが含まれることもあります。

システムソフトウェアに分類されるものは以下のとおりです。

- **基本ソフト（OS）**

コンピュータの基本となるソフトウェアです。OSともいいます。メモリやハードディスクなどのハードウェアの管理、プロセスの管理といった、コンピュータの基本的な管理・制御を行っています。

- **ミドルウェア**

アプリケーションソフトとOSの中間的な役割を持つソフトウェアです。データベース機能などのアプリケーションに特化した機能を提供します。

- **ファームウェア**

コンピュータに接続する周辺機器の内部で、その機器自身の制御のために動作するソフトウェアです。PCにも**BIOS（バイオス）**と呼ばれるファームウェアが存在します。

OS

コンピュータを使ううえで、OSは避けて通ることができません。ここではOSとは何か、どのような種類が存在するかについて説明します。

OSの種類

身の回りのスマートフォンやパソコンを見てわかるとおり、アプリケーションソフトには、実にさまざまな種類があります。それに比べて、コンピュータのOSはそれほど多くの種類は存在しません。皆さんもWindows(ウィンドウズ)とかmacOS(マックオーエス)という言葉を聞いたことがありませんか？　それらはまさにOSの種類を指します。主なOSは、以下のものがあります。

● OSの種類

分類	名前	説明
パソコン用OS	Windows	現在最も広く普及しているパソコン用OSです。Microsoft社によって開発・販売されています。
パソコン用OS	macOS	Apple社のパソコン用のOSです。Windowsよりもシェアは低いですが、デザイナーやミュージシャンなどに愛用されています。
パソコン用OS	Linux	フィンランドの大学生（当時）のリーナス・トーバルズ氏によって開発された、UNIXという古いOSをベースに作ったOSです。「リナックス」もしくは「ライナックス」などと呼ばれます。オープンソースという特殊な方法で開発・配布されています。
スマートフォン・タブレット用OS	iOS	Apple社のiPhoneのためのOSです。音声によるユーザーインターフェースであるSiri（シリ）など、先進的な技術を導入するなど、先進的なOSとして知られています。
スマートフォン・タブレット用OS	Android	検索エンジンのGoogle社によって開発されたOS。さまざまなメーカーのスマートフォンやタブレットで利用されています。

原則的に、同一OSであれば、同一のアプリケーションソフトを利用することができます。そのため、Androidのスマートフォンはさまざまなメーカーから発売されていますが、同一のアプリケーションを利用することが可能です。

逆に、ハードが同一でも、OSが異なると同一のアプリケーションを使えません。macOS用のアプリケーションをWindowsで利用できませんし、その逆についても同様です。

OSの働き

OSにもいくつかの種類があり、画面の見た目や搭載されている機能に違いがあります。しかし、ユーザーやアプリケーションとハードウェアの仲介役をするという点においては、共通する役割があります。コンピュータの発展とともにOSも進化し、役割は非常に多岐にわたるようになりました。

OSの基本的な役割には、以下のものがあります。

● 周辺機器の制御

キーボードやマウス、ディスプレイなどは周辺機器（しゅうへんきき）と呼ばれます。OSはこれらを監視し、正常に動作しているかどうかをチェックしています。周辺機器にトラブルが発生していたり、デバイスドライバがインストールされておらず、周辺機器をOSが認識できない場合などは、ユーザーに対して警告を発するなどの働きをします。

● ユーザーインターフェースの提供

ユーザーインターフェースは、コンピュータの分野においてはユーザーとコンピュータの接点といった意味を持ちます。具体的には、コンピュータやOSを、ユーザーが操作するための方法のことです。コンピュータのユーザーインターフェースには、主にGUIとCUIの2種類があります。

コンピュータに関する情報を、グラフィックを使って視覚的に表示し、それを利用してユーザーがコンピュータの操作を行えるようにしたユーザーインターフェースをGUI（Graphical User Interface）といいます。スマートフォンやタブレットの画面をタップして操作したり、パソコンでマウスを使って画面上のアイコンをクリックしたりすることによって、視覚的にコンピュータを操作することがこれにあたります。

それに対し、キーボードからの文字列入力のみで、ユーザーがコンピュータを操作するユーザーインターフェースをCUI（Character User Interface）といいます。コンピュータが登場した初期のOSであるUNIXやMS-DOSでは、CUIでしかコンピュータを操作することができませんでした。

MS-DOSは、IBM社のパソコンであるIBM-PCのためのOSで、Microsoft社によって開発され、当初はフロッピーディスクと呼ばれる媒体で配布されていました。

現在では、さらに、音声による操作など、さまざまなユーザーインターフェースが追加されるようになりました。

- **ソフトウェアの管理**

コンピュータ上では、ワープロソフトやWebブラウザーソフトなど、さまざまなソフトを同時に動作させることができます。それを可能にすることもOSの役割です。また、アプリケーションのインストールやアンインストール、起動しているアプリケーションの確認を、OSの機能によって行うことができます。

なお、インストールとは、コンピュータでソフトウェアを使用可能な状態にすることであり、アンインストールとは、コンピュータ上からソフトウェアを削除することを指します。

- **コンピュータ上のデータ管理**

コンピュータの内部には、アプリケーションソフトそのものや、アプリケーションを使って作成されたデータやアプリケーションそのものなど、さまざまなデータが存在します。これらはコンピュータ上では**ファイル**として扱われます。このファイルもOSによって管理されています。

1-4 プログラミング言語

- プログラミング言語とは何かについて学ぶ
- さまざまな種類のプログラミング言語を知る
- プログラムの仕組みを理解する

現在、私たちの身の回りには、実にたくさんのコンピュータが内蔵された機械が存在します。パソコンやスマートフォン、コンピュータゲーム機などといったものばかりではなく、自動車や家電製品の制御、さらには信号や電車の制御などの交通インフラや金融機関の基幹システムなど、実にさまざまな領域でコンピュータが活躍しています。特に近年は、IoT（Internet of Things）技術の発達により、その数はさらに増えました。スマートスピーカーなどによって家電製品を音声でコントロールできるようになるなど、より身の回りのコンピュータの数が増えました。

コンピュータは、ほかの機械と大きく違う点があります。それは、**コンピュータ単体では、何の役にも立たない**ことです。コンピュータを制御するには、コンピュータに対して、どのように仕事や作業をするかを教える必要があります。この一連の作業のことを、**プログラミング（programming）**といいます。そして、そのプログラムを作るために必要な言葉を、**プログラミング言語**といいます。これは、コンピュータが理解できる言葉であり、コンピュータ上でアプリケーションをはじめとするさまざまなソフトを作ることができます。プログラミング言語にはさまざまな種類が存在します。本書で解説するC言語もその中の1つです。

C言語以外のプログラミング言語

では、C言語以外にはどのようなプログラミング言語が存在するのでしょうか？ここでは、主なプログラミング言語を紹介します。

● C言語以外のプログラミング言語

言語名	特徴
C++	C言語をさらに拡張した言語。オブジェクト指向という考え方に対応している
C#	C++同様に、C言語をベースに開発されたオブジェクト指向言語。Microsoft社によって開発された
Java	C++をベースにして開発され、現在Oracle社によって公開されているAndroidなどで使われている言語
Swift	Apple社が独自に開発した言語。iPhoneやiPadのアプリ開発に使われている
PHP	Webアプリケーションの開発に特化した言語
Ruby	日本人のまつもとゆきひろ氏によって開発された言語。Ruby on RailsでWebアプリケーションを作る際によく使われる
Python	人工知能や機械学習などの分野で使われている言語

このように、C言語以外にもプログラミング言語はたくさんあります。上の表に出したものも、現在使われているプログラミング言語の中のほんの一部です。

コンピュータ言語の役割

マシン語と高級言語

C言語について説明する前に、そもそもコンピュータが理解できる言語とはどのようなものか、についてもう少し詳しく説明しましょう。すでに説明したとおり、コンピュータ本体はそのままでは動きもしません。コンピュータを動作させるには、コンピュータに理解できる言葉で命令をしてあげる必要があります。

とはいえ、コンピュータが理解できるのは、**マシン語（機械語）**と呼ばれる極めてわかりづらい言語です。この言語の命令は 0 と 1 の数値の羅列であり、人間にとっては非常に難解です。そこで考え出されたのが、**高級言語**という人間にとって比較的理解しやすい文章や記号で構成されている言語を作ることでした。C 言語や先ほど紹介したさまざまなプログラミング言語は、こうした高級言語と呼ばれるプログラミング言語なのです。

マシン語は、コンピュータの CPU が直接理解できるプログラミング言語であり、CPU の種類が異なるとまったく異なるマシン語が使われます。例えば、パソコンなどで主に利用されているインテルの Core i シリーズと、スマートフォンなどのモバイルデバイスで主に使われている ARM とでは、まったく系統の異なるマシン語が使われています。

また、OS が違ってもプログラムは動きません。例えば、パソコンでは Windows や Linux といった種類の異なる OS を使うことができますが、CPU が同じでも OS が異なっていたら、マシン語のプログラムはまず動きません。それは、ほとんどのプログラムは OS の機能を利用しているからです。そのようなハードウェアや OS の違いまで考慮しながら、マシン語だけで実用的なプログラムを作ることは、ほぼ不可能といっても過言ではないでしょう。

◉ コンパイラとインタープリタ

しかし、コンピュータが理解できるのは、あくまでもマシン語で、人間が理解できる高級言語は、そのままではコンピュータが理解不可能です。そこで高級言語をマシン語に変換する必要があるのですが、その変換する方法には、大きく分けて**コンパイラ**と呼ばれるものと、**インタープリタ**と呼ばれるものが存在します。

これらの違いは、高級言語で書かれたプログラム（ソースコード）をマシン語に変換するプロセスの違いにあります。コンパイラは、一度にすべてのソースコードをマシン語に変換（コンパイル）し、変換後のプログラムを動かすという方式です。それに対し、インタープリタはソースコードを翻訳しながら実行するという構造になっています。

・コンパイラとインタープリタ

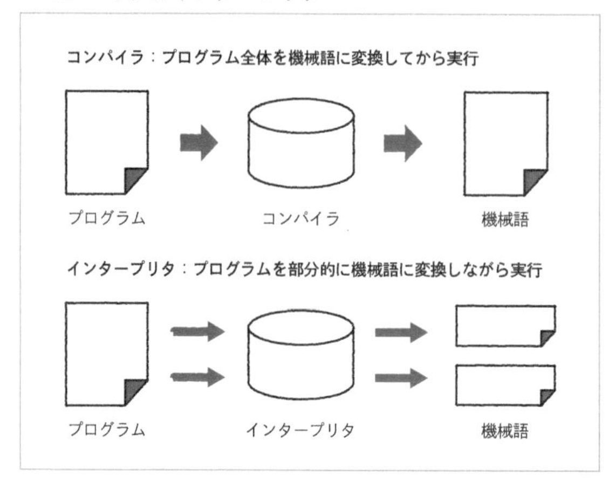

コンパイラは、コンパイル作業に時間がかかるものの、すべてが一括変換されるため実行速度が速く、インタープリタは、コンパイル作業は要らないものの、変換作業を行いながらの実行になるため、実行速度はコンパイラに劣るといわれています。

1-5 C 言語の特徴

- C 言語の特徴について学ぶ
- C 言語の歴史を学ぶ
- C 言語で何ができるかを知る

C 言語の歴史

C 言語は、1972 年、当時アメリカの AT&T ベル研究所のデニス・リッチーらのプロジェクトチームによって作られた言語です。彼らはのちに **UNIX（ユニックス）** と呼ばれる OS を開発しました。UNIX は、現在広く使われている Linux の元になった OS です。

C 言語が開発される以前の OS は、マシン語で記述するのが普通で、開発に時間がかかり、メンテナンスも困難でしたが、C 言語の登場により効率が飛躍的にアップしました。パーソナルコンピュータが普及するようになると、C 言語はその使い易さから爆発的に普及し、コンピュータの標準的なプログラミング言語になっていくのです。そのため、現在あるさまざまなプログラミング言語はC 言語をもとにしたものが少なくありません。

C 言語のメリット

新しい言語が開発されているのにも関わらず、C 言語は今でも使い続けられているのは、それだけのメリットがあるからです。C 言語のメリットとしては次のようなものがあります。

ほかの言語よりも少ないメモリで動かせる

C 言語は OS を作るために作られた言語ということもあり、仕様がシンプルです。コンパイル後に生成されるマシン語が小さいという特徴があります。そのためほかの言語と比べて、少ないメモリ環境でのソフトウェア開発が可能です。

スピードが速い

これは前述の特徴とも関連することですが、最低限のマシン語のコードで生成されるため、余計な処理が入っておらず、作成したプログラムのスピードが速いのも C 言語のメリットの 1 つです。

C 言語のデメリット

何事もメリットがあれば、当然のことながらデメリットも存在します。それは C 言語も例外ではありません。C 言語のデメリットとしては次のようなものがあります。

ほかの言語よりもプログラムが長くなりがち

C 言語は、ほかの言語よりも機能が少なく、それをプログラマー自身が補う必要があります。そのため、ほかの言語よりも C 言語で記述したプログラムは長くなりがちです。

メモリの操作が複雑

C 言語には、ほかの多くの言語が持っているガーベージコレクタと呼ばれる自動メモリ管理機能が搭載されておらず、メモリの管理に関する処理が複雑になる傾向があります。

◉ 環境により仕様が微妙に異なる

C言語は、使用するOSやコンパイラの種類によって、仕様が微妙に異なります。C言語には数多くのコンパイラが存在し、WindowsやmacOSのようなPCから、組み込みマイコンなど、さまざまな機器で利用可能であり、環境に応じて微妙に仕様が異なるため、利用する際には注意が必要です。

C言語の用途

では、そんなC言語は一体どのような分野で使われているのでしょうか。主要なものを紹介していきましょう。

◉ OSの開発

すでに説明したとおり、もともとC言語はUNIXというOSを開発する目的で作られた言語です。そのため、その後継のOSともいうべきLinuxといったOSも、カーネルと呼ばれる中核部分は今でもC言語で開発されています。また、WindowsやmacOSの基本部分にもC言語が使われています。

◉ プログラミング言語の開発

多くのプログラミング言語は、実はC言語で開発されています。RubyやPythonなど、現在使われている名だたるプログラミング言語のほとんどのベース部分は、実はC言語で作られています。

◉ ゲームの開発

かつて、PCやゲーム専用機でのゲーム開発で主に使われる言語はC言語でした。これはC言語がその性質上、ハードウェアの性能を高度に引き出すことができたからです。

現在、ゲーム開発にはUnity（ユニティ）のようなゲームエンジンを利用して開発する手法が主流となっていますが、ハードウェアの性能をフルに引き出すことを必要とされるような場面では、C言語が今でも利用されています。

組み込み機器・マイコンのプログラム

家電製品や自動車を制御するさまざまな機器には、マイコンと呼ばれる小型のコンピュータで構成された、組み込み機器と呼ばれる部品が内蔵されています。そして、この機器を制御するためのプログラミング言語として、C 言語は広く使われています。

参考

C 言語は、コンピュータのハードウェアの性能を最大限引き出す際に適したプログラミング言語です。

メモリを制するものが C 言語を制する

このようなC 言語をマスターするためのコツは、**ポインタ**などといったメモリの処理に関する処理をしっかりマスターすることです。ポインタはC 言語の中の難易度が高い概念といわれていますが、これがマスターできれば怖いものはありません。つまり、**メモリを制するものが C 言語を制する**のです。

本書はその点を念頭に置き、繰り返し練習問題を解きながらC 言語の基本をマスターできるようになっています。

2 プログラミングの基本的な考え方

- 特定の言語に依存しないプログラムの構造について理解する
- アルゴリズムはフローチャートで記述できることを理解する
- データ構造はデータを格納する仕組みであることを理解する

2-1 アルゴリズムとデータ構造

- プログラミングの骨組みとなるアルゴリズムについて理解する
- データを取り扱う基本となるデータ構造について理解する
- アルゴリズムとデータ構造の組み合わせの重要性について理解する

例えば、あなたがカレーを作るとします。もともとカレーの作り方を知っていれば話は別ですが、もし初めてならカレーのレシピを参考に調理をするはずです。では、レシピとは何でしょう？　レシピとは、大きく分けて「使用する材料の名前とその量」と「材料を加工して調理する手順」からなっています。カレーの場合、肉やじゃがいも、たまねぎやカレー粉などといった材料を用意し、それらを切ったり、加熱したりすることによって料理を完成させます。

コンピュータの世界において、「材料の名前とその量」が**「データ」**と呼ばれ、「調理の手順」が**「アルゴリズム」**と呼ばれるものです。コンピュータのプログラムもまた、与えられたデータをもとに、なんらかの処理を行うという意味では、料理と非常に似ています。

つまり、コンピュータの世界におけるアルゴリズムとデータ構造というのは、いわばプログラミングの「レシピ」に相当するものなのです。つまり、アルゴリズムとデータ構造とは、互いに切っても切り離せない、車の両輪のようなものなのです。

● アルゴリズムとデータ構造の例

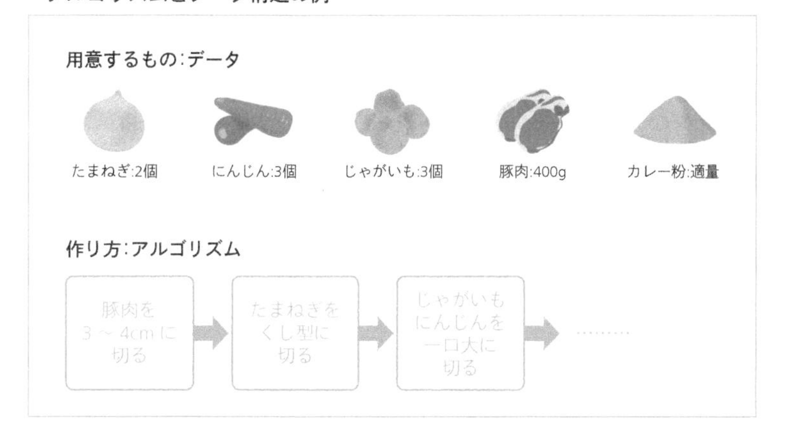

アルゴリズムとは何か

すでに述べたとおり、アルゴリズムとは料理の手順のようなものです。仮にカレーの材料がわかっても、それらを調理する手順がわからなければ、カレーを作ることができません。それと同じように、プログラムもまたアルゴリズムがわからなければ作ることはできません。

とはいえ、こういったアルゴリズムを自分で考え出すことは、非常に難しいものです。幸いなことに、コンピュータが発明されてから今に至るまでに、多くの研究者や技術者たちによって、非常に多くのアルゴリズムが作成されてきました。このような先人の知恵の蓄積により、現在ではこれらを組み合わせれば、どんなプログラムでもだいたい作れるようになっています。

問題解決方法としてのアルゴリズム

別のいい方をすれば、**アルゴリズムとは問題解決の手段である**といえます。私たちが数学の問題を解くように、コンピュータのプログラムもさまざまな手段で解決することができます。その際、たった1つのアルゴリズムだけで問題が解けることはまれです。現実には、複数のアルゴリズムを組み合わせたり、一部を改良したりしながら問題解決を行います。

● 問題解決方法としてのアルゴリズム

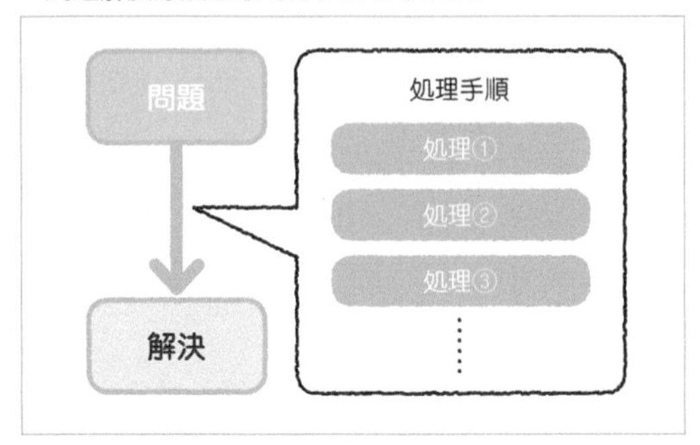

これは、将棋や囲碁の「定石」という考え方にも似ています。多くの定石を知っていれば、対局時のそれぞれの局面において最善の手を繰り出せます。それと同じで、プログラマーはアルゴリズムを多く知っていれば、より多くの問題をスムーズに解決することが可能になります。**よいプログラマーになるためには、アルゴリズムの学習が不可欠**です。逆のいい方をすると、アルゴリズムを十分知っていれば、天才でなくてもプログラミングをマスターすることは可能なのです。

データ構造とは

料理のレシピにおける、材料の種類とその量が「データ」にあたることはすでに説明したとおりです。では、「データ構造」とは何でしょう？　先に結論をいうと、**データ構造とは、大量のデータを効率よく管理する仕組みのこと**をいいます。料理の例でいうのなら、コース料理を作る場合、その料理は「肉料理」「魚料理」「デザート」などといった、カテゴリーごとに分割したり、系統立てたりします。このように、必要な処理においてデータに構造を与え、処理をしやすくするという考え方がデータ構造です。

◎ データ構造の例

より具体的な例として、学校における、学生管理システムを作成する場合を考えましょう。通常、学校には非常に多くの生徒がいますが、それらを「佐藤隆」や「山田花子」などといった名前だけで管理するのは大変です。そこで、学校は各生徒に学籍番号や、学年、所属クラスなどといった、学生を特定するためのさまざまなデータを付加します。つまり、1人の学生を管理するためのデータ構造として、学籍番号・学年・組・名前というデータがひとまとまりとなったデータ構造が有効だということです。

● 学校におけるデータ構造の例

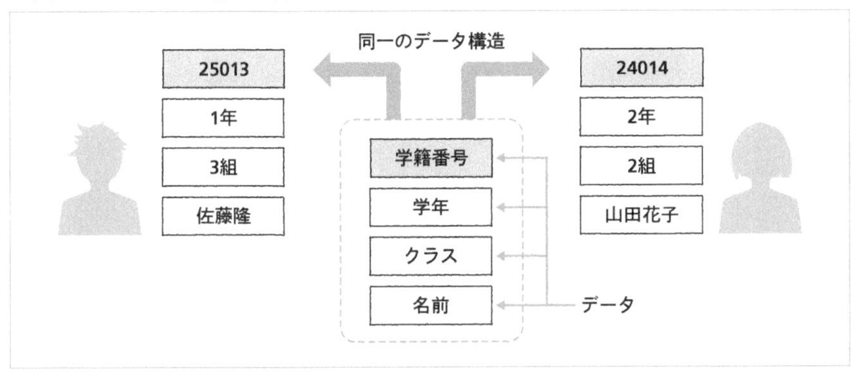

また、住所の管理方法もそうです。郵便番号は、「地図上のある場所」を効率的に管理するための7桁の数値ですが、最初の1桁が都道府県を、2桁目から3桁目で市町村、最後の下4桁で地域を限定するといった構造になっています。これも、立派なデータ構造であるといえます。このように、日常生活の中で、データ構造は非常によく使われています。

● 郵便番号におけるデータ構造の例

フローチャート

フローチャートとは、フロー（流れ）の図（チャート）という意味で、アルゴリズムを記述するための図として、長い間、愛用されてきました。

複数のダイアグラムを矢印によって結び付け、それによってアルゴリズムの処理の流れを記述します。フローチャートの構成部品には、例として以下があります。

● **フローチャートの構成部品**

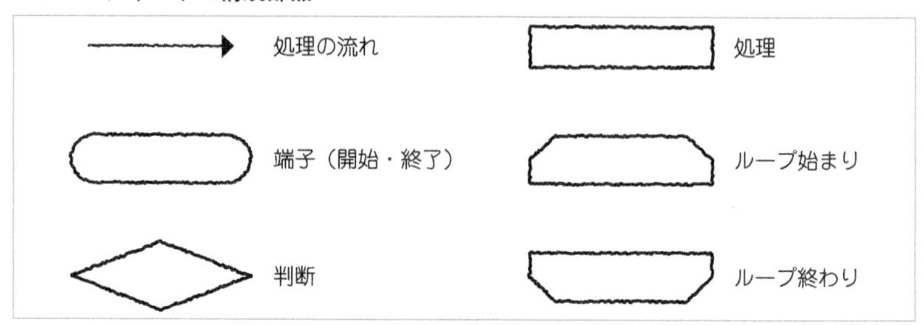

例えば、これを利用して、「1 ～ 10 の乱数（ランダムな数字）を発生させ、その値が 5 以上ならその値の数だけ、"HelloWorld" という文字列を表示する」プログラムのアルゴリズムを記述すると、以下になります。

● **フローチャート**

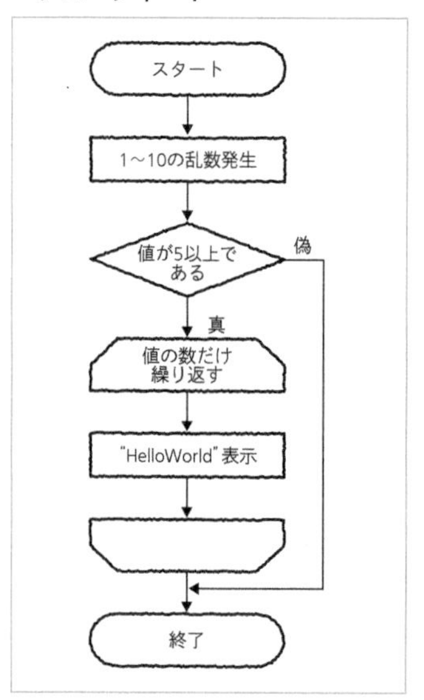

この図を見てもわかるとおり、入力された値が 5 以上であれば、その数だけ文字列を表示し、そうでなければプログラムが終了することがわかります。このように、フローチャートとは、プログラムを記述するうえで非常に便利なツールです。

アルゴリズムの３大処理

アルゴリズムには、最も基本となる処理である、次の３つの処理があります。

順次処理（じゅんじしょり）

処理を記述した順番に実行します。

・順次処理のフローチャート

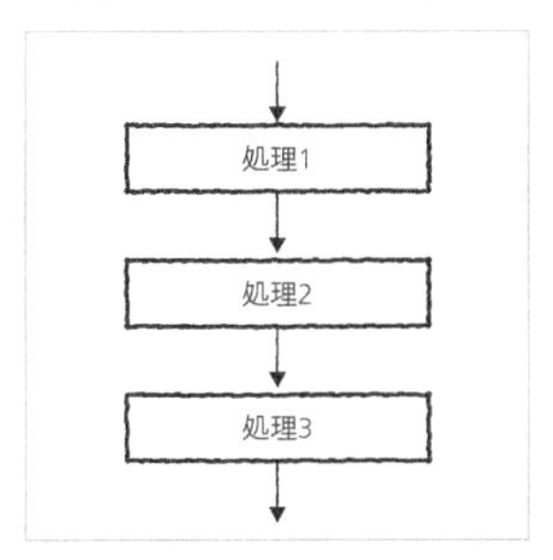

分岐処理（ぶんきしょり）

条件により処理の流れを変えます。

・分岐処理のフローチャート

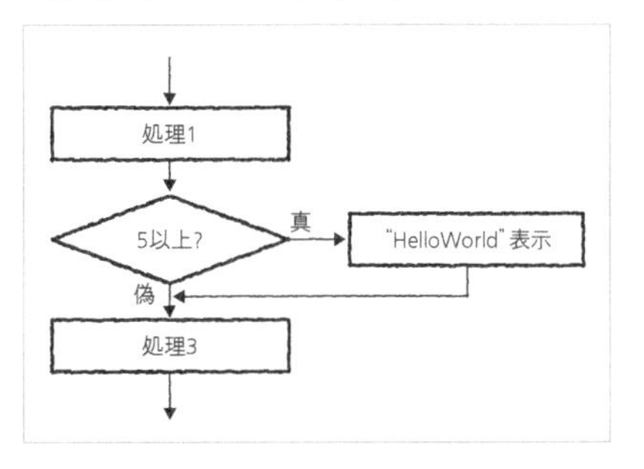

繰り返し処理（くりかえししょり）

条件が成立する間、処理を繰り返します。

・繰り返し処理のフローチャート

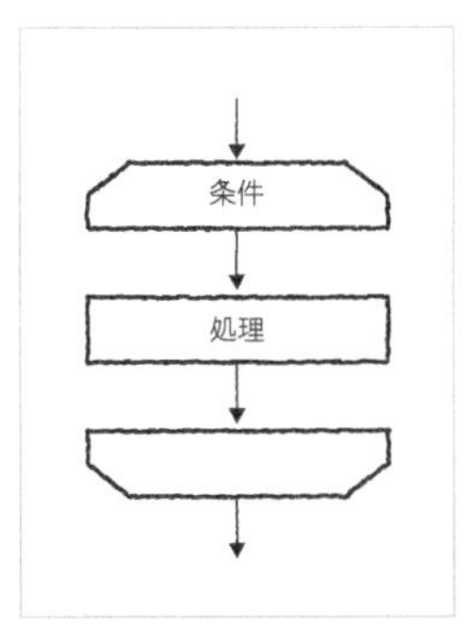

すべてのアルゴリズムは､必ずこの３つの処理の組み合わせから構成されています。このように、この３つの処理を組み合わせてプログラムを設計する方法論のことを、**構造化プログラミング**と呼びます。

3 はじめてのプログラム

- 簡単な C 言語のプログラムを実際に動かしてみる
- 統合開発環境 Visual Studio 2019 の使い方を理解する

3-1 簡単なプログラムを実行する

- C 言語でプログラムを入力・実行する方法について理解する
- Visual Studio 2019 の基本的な使い方を学ぶ

いよいよここから C 言語のプログラミングを開始していくことにします。

この本はプログラミング初心者の方を想定しているため、プログラミング初心者に使いやすい Visual Studio 2019（ビジュアルスタジオ 2019）を使ってプログラムを開発する方法を説明していきます。

Visual Studio 2019 とは

Visual Studio 2019 は、マイクロソフトが開発した IDE（統合開発環境）です。IDE とは、ソースコードの入力・コンパイルと実行・デバッグといったプログラミングに必要な作業を 1 つのソフトで行うためのものです。ここではこのツールをインストールし、プログラムを実行するまでの方法を解説します。

ダウンロードとインストール

Visual Studio 2019はマイクロソフトのダウンロードページから入手可能です。

- **Visual Studio 2019のダウンロードページ**

https://visualstudio.microsoft.com/ja/downloads/

Visual Studio 2019には、無料で使えるコミュニティ、有料のProfessional、Enterpriseが存在します。本書では、無料で使えるコミュニティで十分ですので、これを選択してダウンロードします。

ダウンロードしたインストーラファイルをダブルクリックすれば、インストールが開始されます。

Visual Studio 2019のダウンロード画面

Visual Studio 2019は、C言語だけではなく、さまざまなプログラミング言語でのアプリケーションの開発を前提としています。C言語でプログラムを入力・実行するために、次の段階では、プログラミング言語にあわせたワークロード（追加機能）のインストールを行います。もともとVisual Studio 2019にはC言語のコンパイラがなく、この手順で追加されます。

ワークロードの選択画面の中から［C++によるデスクトップ開発］を選択します。すると、［閉じる］が［変更］に変わるので、［変更］をクリックしてインストールを開始します。

インストールが完了するとライセンスの確認が行われ、そのあとVisual Studio 2019が起動します。

● インストールするワークロードの選択画面

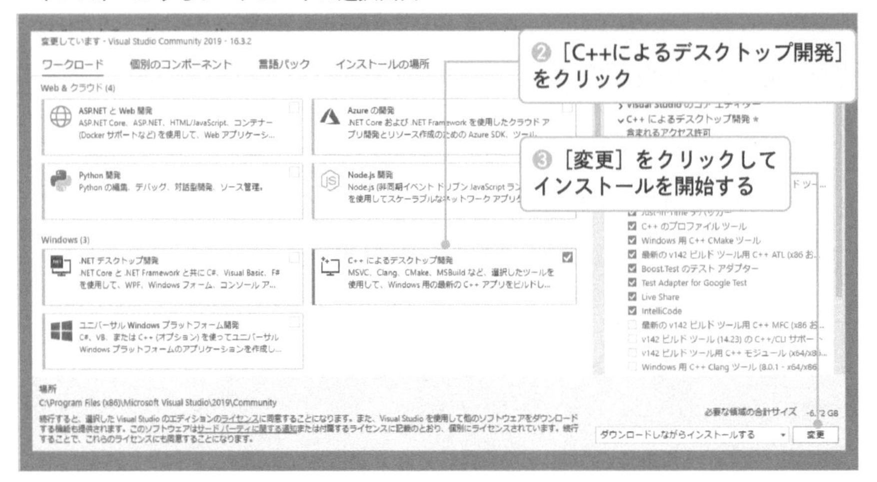

C 言語のプログラミングをするのに、なぜ［C++ によるデスクトップ開発］を選択するのか、疑問に思うかも方もいるかもしれません。28 ページで紹介したとおり、C++ は C 言語を拡張した言語で、C 言語で書いたプログラムを実行するための機能などが［C++ によるデスクトップ開発］に含まれているからです。

プログラムの入力から実行まで

インストールが完了したら、実際に簡単なプログラムを作成してみましょう。

◉ プロジェクトの作成

Visual Studio 2019 では、プログラムを**プロジェクト**という単位で管理しています。ここではまず、プロジェクトを作成します。Visual Studio 2019 を起動したあと、スタートウィンドウの［作業の開始］メニューから［新しいプロジェクトの作成］をクリックします。

・新しいプロジェクトの作成を選択

作成するプロジェクトの種類を選択するダイアログが表示されます。本書では、コンソールアプリを通してC言語のプログラミングを学習するので、プロジェクトの種類に**空のプロジェクト**を選択します。

・プロジェクトの種類を選択

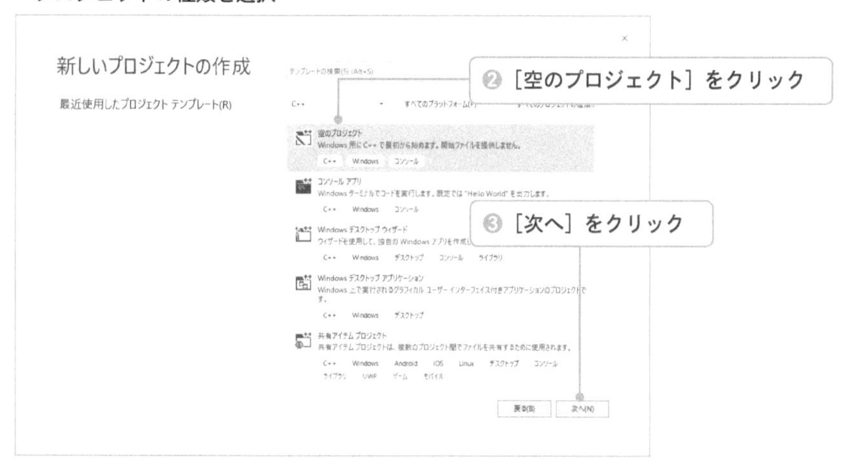

参考

コンソールアプリとは、MS-DOSやWindowsのコマンドプロンプトなどから実行されるアプリで、GUI（Graphical User Interface）アプリとは違い、ウィンドウを作成せず処理を行います。

続いて、プロジェクト名を入力します。

● プロジェクト情報の入力

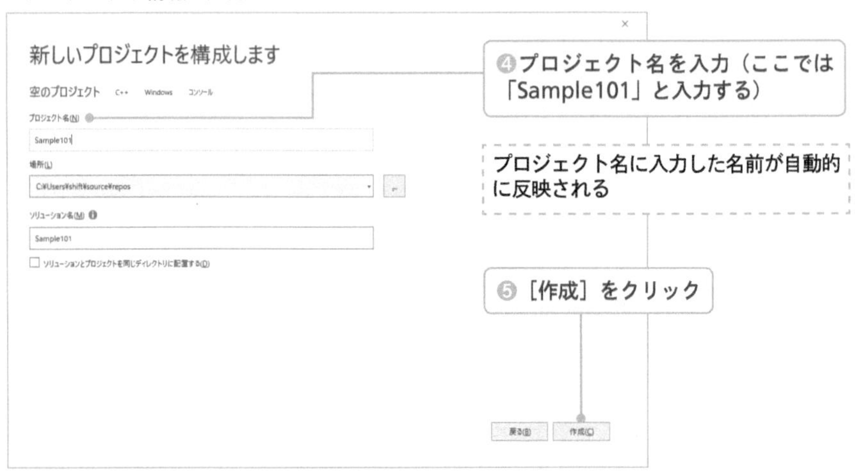

プロジェクトを作成すると、次のような画面が表示されます。

● プロジェクト完成後の画面

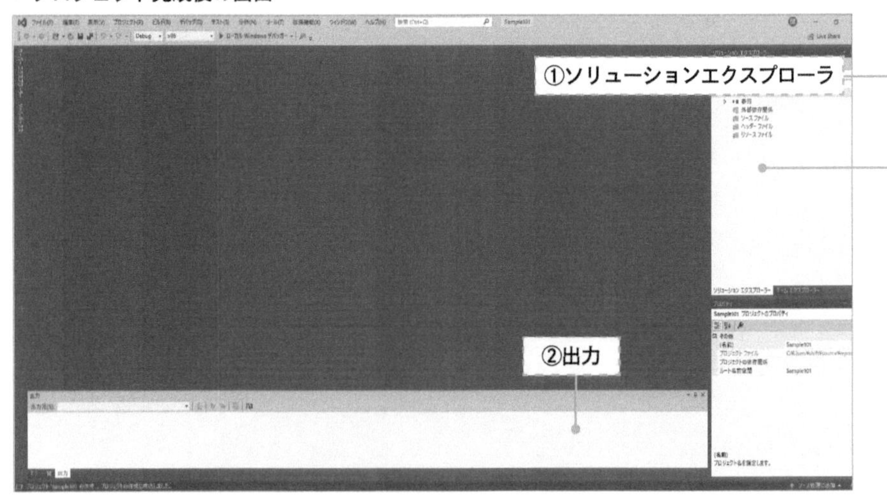

画面の各箇所は、以下のような機能になっています。

① ソリューションエクスプローラ

ソースファイルなど、プロジェクトで使うファイル管理を行います。プロジェクトに必要なファイルの追加・修正などの作業ができます。

② 出力

さまざまな操作を行った際の結果を表示します。エラーメッセージなどを発してその内容を伝えてくれます。

ソースファイルの追加

では実際に、簡単なプログラムを入力し実際に実行してみましょう。手始めに「Hello World.」という簡単な文字列を表示するプログラムを作成します。

まず、プログラムを書くための**ソースファイル（source file）**をプロジェクトに追加します。ソースファイルとは、ソースコードが記述されたファイルのことです。プロジェクトを作成したばかりの段階では、ソースファイルが存在しません。

ソリューションエクスプローラのプロジェクト内の［ソースファイル］を右クリックして、［追加］-［新しい項目］をクリックします。

・ソースファイルの追加①

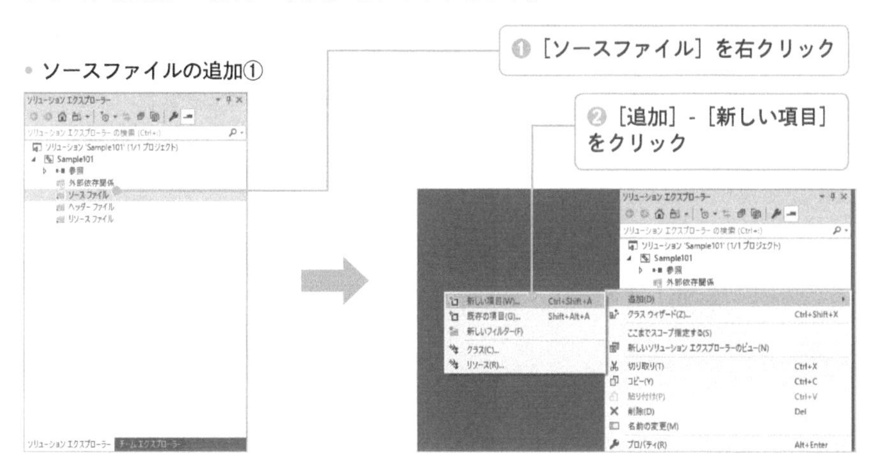

続けて、新しい項目の追加ダイアログが表示されるので、［名前］に「main.c」と入力して、［追加］をクリックします。

- ソースファイルの追加②

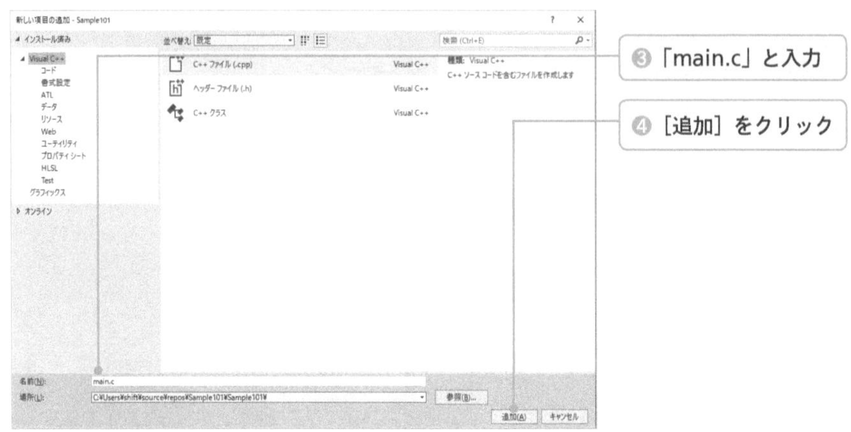

「.c」はC言語のソースファイルの拡張子です。ファイル名は任意につけることが出来ますが、この拡張子を必ずつけてください。

C言語のプログラムを作成する際の拡張子は、必ずこの形式になります。

◉ SDLチェックの無効化

ソースファイルを追加したら、SDLチェックの無効化を行います（詳細については5日目で紹介します）。ソリューションエクスプローラのプロジェクト名（ここでは[Sample101]）を右クリックし、表示されたメニューの中から［プロパティ］を選択します。

- プロジェクトの設定

すると、プロジェクト（ここではSample101プロジェクト）のプロパティページというウィンドウが表示されます。

左側のメニューから［C/C++］-［全般］を選択し、**［SDLチェック］の項目を［はい］から［いいえ］に変えてください**。設定を変更したら［OK］をクリックしてウィンドウを閉じてください。

● SDLチェックの無効化

注意

プロジェクトを作り、ソースファイルを追加したらSDLチェックの無効化を行います。

プログラムの入力

ソリューションエクスプローラの中のソースファイル「main.c」をクリックすると画面が次のように変化し、プログラムが入力可能な状態になります。

● ソースファイルが入力可能な状態になった画面

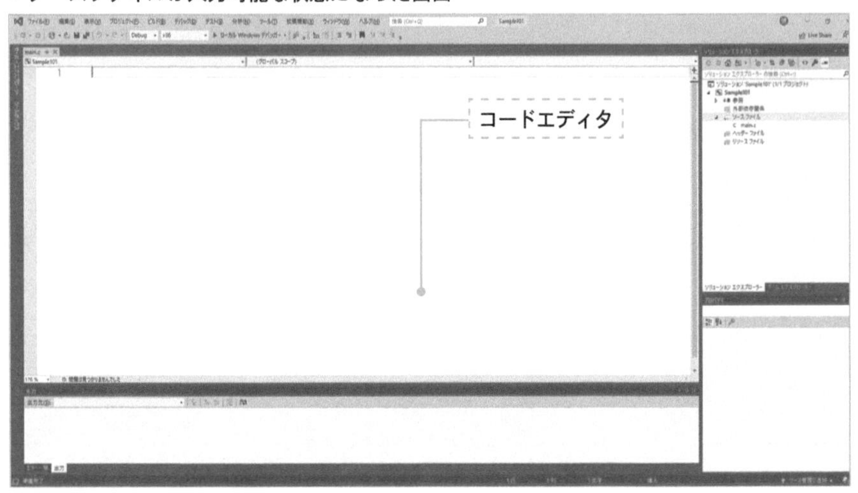

プログラムを入力する前に、作業がしやすいようにVisual Studio 2019のソースコードに行番号を表示できるようにしましょう。

行番号を表示するためにはメニューバーで、[ツール] - [オプション] の順に選択します。するとオプション設定用のダイアログが出現するので[テキスト エディター] ノードを展開し、[すべての言語] - [全般] を選んで [行番号] をクリックして有効にします。設定が完了したら [OK] ボタンを押せば設定は完了です。

・行番号を表示する

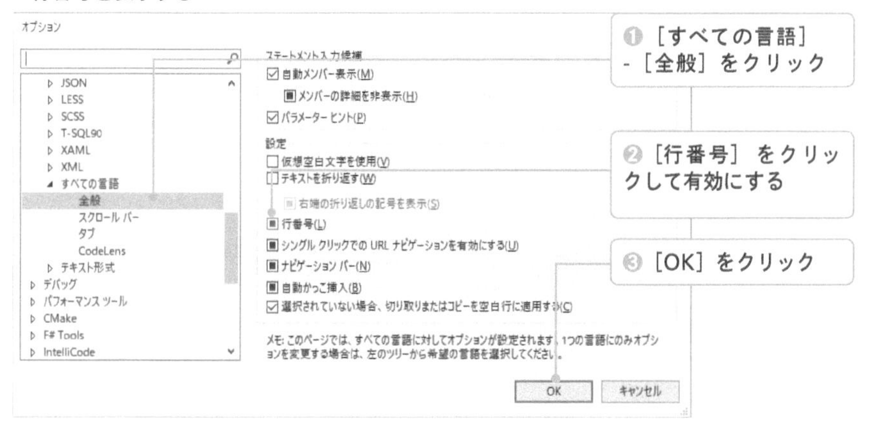

コードエディタに戻って、以下のプログラムを記載どおりに入力しましょう。プログラムは基本的に半角の英数・記号で入力をし、アルファベットの大文字や小文字も間違えないように気を付けてください。

Sample101/main.c

```
01 #include <stdio.h>
02 
03 int main(int argc, char** argv) {
04     printf("Hello World.¥n");
05     return 0;
06 }
```

プログラムを入力すると左側に行番号が表示されます。また、重要なキーワードに色を付けてくれたりするなど、プログラミング入力を支援してくれます。

4､5 行目の行頭にある空白（インデント）は､前の行で「{」を入力して改行すると､Visual Studio 2019 が自動的に入力します。

ファイルの保存

入力を開始すると、エディタの左上の「main.c」というファイル名が「main.c*」となります。これは、ファイルの内容が変更されたことを意味します。

ファイルは、画面左上の保存ボタンをクリックするか、もしくは Ctrl+S キーを押すと保存され、ファイル名も「main.c*」から「main.c」になります。

なんらかのトラブルでVisual Studio 2019が停止してしまうこともあるので、ファイルはこまめに保存しましょう。

● ファイルを保存

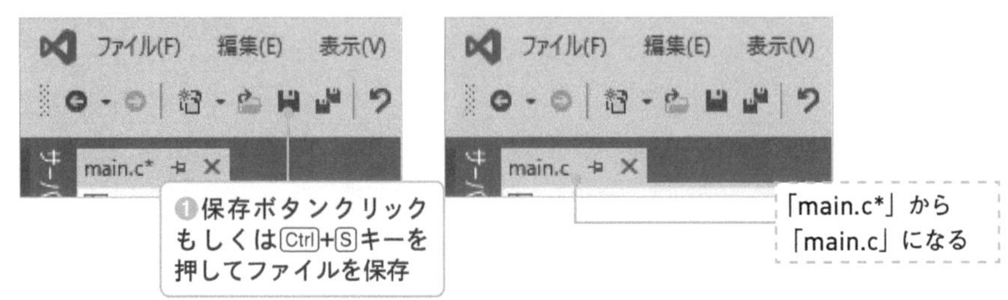

入力が完了したらファイルを保存しましょう。入力した部分の左側に緑色の線が表示されます。

● サンプルプログラムを入力して保存したあとの状態

```
main.c
Sample101                    (グローバル スコープ)
1  #include <stdio.h>
2
3  int main(int argc, char** argv) {
4      printf("Hello World.¥n");
5      return 0;
6  }
```

プログラムの実行

プログラムを実行するには、コンパイルが必要です。Visual Studio 2019には、プログラムのコンパイルと実行を一度に行う大変便利な機能が存在します。プログラムを実行するには、メニューから［デバッグ］-［デバッグなしで開始］を選択します。

● 入力したプログラムの実行

すると、以下のようにコンソールが現れ、実行結果が表示されます。

● プログラムの実行結果

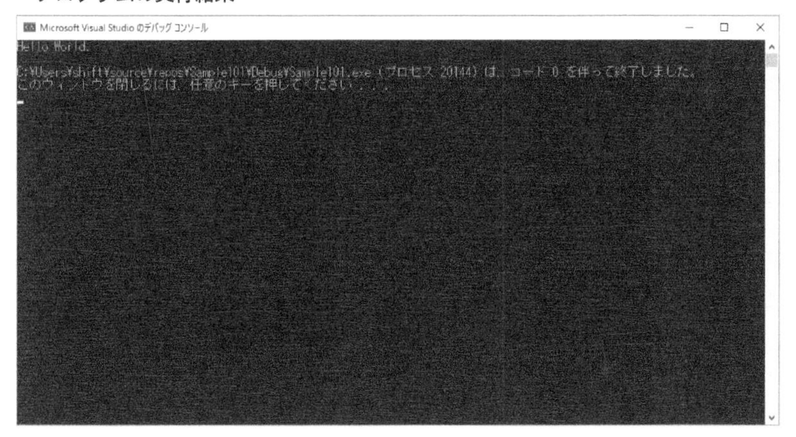

「Hello World.」と表示されていれば成功です。このようにVisual Studio 2019を使うと、簡単にプログラムを入力・実行できます。

◉ プログラムの終了

「Hello World.」という文字列の下に、「このウィンドウを閉じるには、任意のキーを押してください ...」と表示されます。指示のとおりに適当なキーを押すと、コンソールが消えてプログラムが終了します。プログラムの詳細については、2日目で詳しく説明します。

4 練習問題

正解は 322 ページ

問題 1-1 ★☆☆

アルゴリズムの 3 大処理を答えなさい。

問題 1-2 ★☆☆

インタープリタとコンパイラの違いについて説明しなさい。

2日目

C 言語の基本

1. C 言語のプログラムの基本
2. 演算と変数
3. 条件分岐
4. 練習問題

1 C言語のプログラムの基本

- C言語の基本的な記述方法について理解する
- printf関数について理解する
- プログラムの誤りへの対処方法を理解する

1-1 はじめてのプログラム

- C言語のプログラムの基本的な構造を理解する
- Visual Studio 2019のソリューション・プロジェクトについて理解する
- エラー・バグおよびその対処方法について理解する

1日目では、プログラミングに関する基礎知識から、実際にVisual Studio 2019を使った簡単なプログラムの入力・実行までを説明してきました。

ここからは、C言語を使った具体的なプログラムについて説明します。

最も基本的なプログラム

先ほど入力・実行したSample101のmain.cを、改めて説明していきます。一体、このプログラムはどのような仕組みになっているのでしょうか？

Sample101/main.c（再掲載）

```
01 #include <stdio.h>
02 
03 int main(int argc, char** argv) {
04     printf("Hello World.¥n");
05     return 0;
06 }
```

・実行結果

```
Hello World.
```

Sample101を実行すると、"Hello World." という文字列が表示されます。これはさまざまなプログラミング言語の入門書でも、必ず最初に記述されるサンプルプログラムで、「Hello World.」という文字列を画面表示するプログラムです。

ヘッダーファイル

1行目に出てくる、**#include**という記述は、**ヘッダーファイル**と呼ばれる、ファイルを読み込むときに使う宣言です。ここで読み込むファイルは、**stdio.h**というファイルです。".h" は、C言語の**ヘッダーファイル**の拡張子です。詳しくは後ほど説明しますが（165ページ参照）、C言語のプログラムは、この宣言から始まるということを覚えておきましょう。

・ヘッダーファイルの読み込み

```
#include <stdio.h>
```

関数

3行目のint main(int argc,char** arvg)の部分ですが、ここは**メイン関数**の宣言と呼ばれます。このように記述する理由については6日目で説明しますので、それまでは無条件に、このように入力するようにしましょう。C言語は、この中に処理を記述し、中身は「{}」で囲まれています。この記号は**中カッコ（ちゅうかっこ）**、**波カッコ（なみかっこ）**などと呼ばれます。

続いて4行目に、printfというという処理がありますが、これは**関数（かんすう）**と呼ばれます。前述のメイン関数もその1つです。printfのあとに続く「( )」で囲んだものをコンソールに表示させる関数です。文字列を表示する場合は、「" "」で囲みます。

なお、関数に関しての詳しい解説は4日目で行います。

・printf関数の呼び出し

```
printf("HelloWorld¥n");
```

行の区切り

printf関数および、次の行の「return 0」のあとに記述されている「;」は、**セミコロン**という記号で、処理の末尾に記述します。

エスケープシーケンス

「¥n」は、**改行を表す特殊な文字**で、文字列が改行され、それ以降の文字は次の行から表示されます。このように¥マークで始まる文字を、**エスケープシーケンス**といいます。主なエスケープシーケンスには以下のような種類があります。

● 主なエスケープシーケンス

記号	意味
¥a	警告音
¥b	バックスペース
¥n	改行
¥t	タブ
¥¥	文字としての¥
¥?	文字としての?マーク
¥"	ダブルクオーテーション(")
¥'	シングルクオーテーション(')
¥0	ヌル(null)文字

return文

最後に、5行目の「return 0;」という処理は、関数の処理を集結して値を返すという処理です。詳細については、後ほど説明します（148ページ参照）。

エスケープシーケンスの入った文字列の表示

エスケープシーケンスの説明をしたので、実際にエスケープシーケンスの文字を出力するサンプルを紹介します。

Sample201/main.c

```
01 #include <stdio.h>
02 
03 int main(int argc, char** argv) {
04     printf("123¥n456¥n789¥n");
```

```
05      printf("シングルクオーテーション:¥'ダブルクオーテーション:¥"¥n");
06      printf("¥t円マーク¥¥¥n");
07      return 0;
08  }
```

● 実行結果

```
123
456
789
シングルクオーテーション:'ダブルクオーテーション:"
        円マーク¥
```

行の途中での改行

4行目は、1から9までの数値を表示していますが、間に改行を表すエスケープシーケンス「¥n」が入っていることで、「123」「456」「789」という3行に分けて結果が表示されています。このように、**¥nを付ければ、1つのprintf関数を利用することにより、複数行の文字列を表示**することができます。

● 行の途中での改行

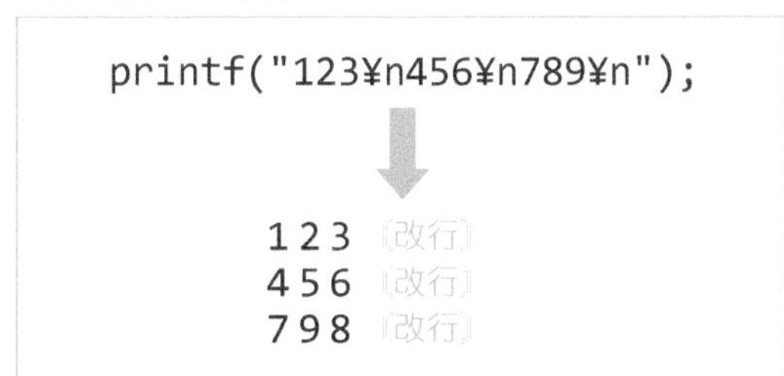

その他のエスケープシーケンスの利用

5、6行目では、エスケープシーケンスを使うことによって、さまざまな記号を表示しています。特に、ダブルクオーテーション(")や、¥マークを表示する必要がある場合はこの方法を参考にしてください。

ソリューションとプロジェクトの構成

次に、Visual Studio 2019のプロジェクト全体の構成について説明します。最初にプロジェクトおよびソリューションの構成について確認してみましょう。Visual

Studio 2019 右端のソリューションエクスプローラを見てください。

● ソリューションエクスプローラ

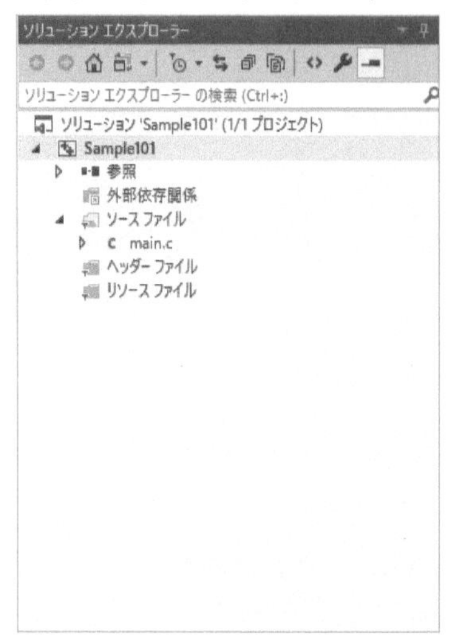

冒頭に「ソリューション' Sample101' (1/1 プロジェクト)」と表示されていますが、これは現在取り扱っているソリューションの名前です。「1 プロジェクト」という言葉からわかるとおり、現在ソリューションの中に 1 つのプロジェクトが作成されていることを意味しています。

ソリューションとは、プロジェクトの上位の概念で、1 つのソリューションの下に複数のプロジェクトを追加することができます。**プロジェクト**には、個々のプログラムやモジュール（プログラムの部品のこと）などの情報を管理するグループのようなものです。本書では 1 ソリューション = 1 プロジェクトの単位で説明を進めていきます。

Visual Studio 2019 はソリューションを「.sln」ファイルで管理しています。新しいプロジェクトを作成すると同時に「.sln」ファイルが作成されます。

◎ プロジェクトの構成

続いて、プロジェクトの中身について説明します。プロジェクト内はプログラムのソースファイルなどで構成されています。ソースファイルとは、作成した「main.c」というファイルのように拡張子が「.c」のファイルです。

書式指定と文字コード

C言語の基本と、printf関数の基本がわかったところで、この関数を利用して、さまざまな処理を試してみましょう。以下のプログラムを入力･実行してみてください。

Sample202/main.c
```
01 #include <stdio.h>
02 
03 int main(int argc, char** argv) {
04     printf("私の名前は%sです。年齢は%d歳です。¥n", "山田太郎", 20);
05     printf("イニシャルは、%cです。¥n", 'Y');
06     printf("%lf + %lf = %lf¥n", 1.2, 2.7, 1.2 + 2.7);
07     return 0;
08 }
```

● 実行結果
```
私の名前は山田太郎です。年齢は20歳です。
イニシャルは、Yです。
1.200000 + 2.700000 = 3.900000
```

◎ 式指定の方法

まずは4行目のprintf関数に注目してください。文字列の中に、%sや、%dといったような記号が入っています。これらは、「,（コンマ）」で区切った値を表示するためのものです。

%sに山田太郎という文字列が、%dに20という数値が入ります。このように文字列のあとにコンマで区切られた1つ、もしくは複数の値が、並んだとおりの順番で表示されます。

● printf関数と出力される結果の関係①

この記号と書式の指定は、以下の表のように対応しています。

● さまざまな書式指定

書式	意味	入れる値や式の例
%d	整数値を10進数で表示する	1、12、30、-4、5 + 5
%x	整数値を16進数で表示する	1、12、30、-4、5 + 5
%f	実数値を10進数で表示する	1.2、2.7、1.2+2.7
%lf	実数値を10進数で表示する	1.2、2.7、1.2+2.7
%c	ASCIIコードで表示された文字列を表示する	'a'、'b'、'c'
%s	文字列をそのまま表示する	"ABC"、"佐藤俊夫"

面白いのは、%d や、%lf といった数値を表示する書式の場合、数値を入れるだけではなく、数式を入れても結果を表示できます。例えば、**%d には、10 といった整数だけではなく、5+3 といった式を入れることも可能**です。その部分には**計算結果である 8 が表示**されます。

そのため、このサンプルでは実数同士の演算である「1.2+2.7」の計算結果である 3.9 が表示されます（小数第 6 位まで表示されます）。

● printf関数と出力される結果の関係②

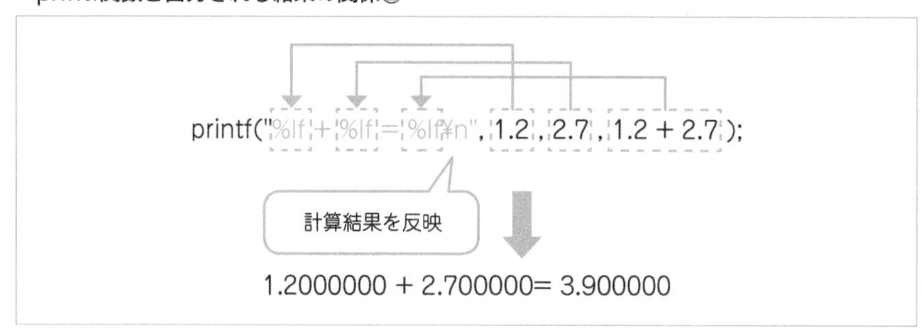

エラーへの対処

次はプログラムに誤りがあるケースについて説明します。以下のプログラムを入力・実行してみてください。

Sample203/main.c

```
01 #include <stdio.h>
02
03 int main(int argc, char** argv) {
04     printf("ABC");
05     print("DEF¥n");
06     return 0;
07 }
```

プログラムを実行しようとすると、以下のようなメッセージが表示されます。

● エラーメッセージ

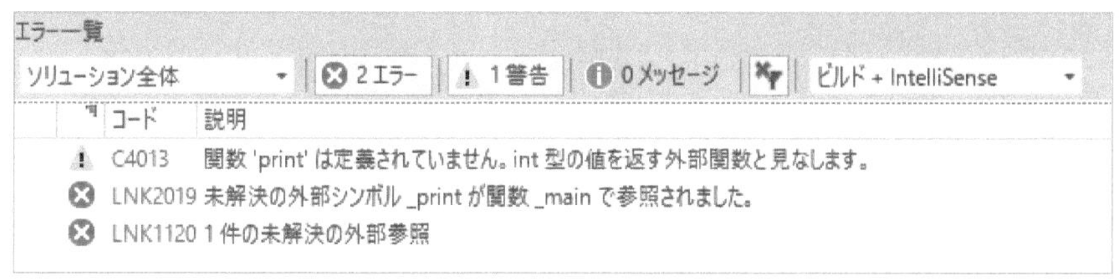

このメッセージは、コンパイルに失敗したことを意味するメッセージです。つまり、このプログラムには**文法的に誤った記述がある**ということです。 コンパイラは、誤った記述がある場合、このようなメッセージを発します。当然ながらプログラムを実行することはできません。

このように、プログラムにある文法上の誤りのことを**エラー（Error）**といいます。エラーのあるプログラムはコンパイルして実行することができません。

では、一体どこに誤りがあるのでしょうか？　コンパイラの発するエラーメッセージに従い、5 行目を見ると「print」となっています。これは本来、「printf」とすべきところを、誤って記述したものです。そこで、ここを正しい記述「printf」に直してみましょう。

Sample203/main.c（エラーを訂正したもの）

```
01 #include <stdio.h>
02
03 int main(int argc, char** argv) {
04     printf("ABC");
05     printf("DEF¥n");
06     return 0;
07 }
```

● 実行結果

```
ABCDEF
```

これで正しく実行されました。なお、「ABC」と「DEF」が改行されずにつながっているのは、最初の4行目のprintf関数の( )内に改行コードがないからです。このように、printf関数の( )内に改行コードがないと、次の別なprintf関数で指定した文字列が、つながって表示されます。

エラーとバグ

プログラミングの過程での間違いにはエラーのほかに**バグ（Bug）**と呼ばれるものがあります。バグとは虫を表す英単語で、プログラムの中の論理的な間違いのことを虫に例えた言い方です。

なお、プログラムのバグを修正し、プログラムをあるべき姿に修正していく作業のことを**デバッグ（Debug）**といいます。

エラーはプログラムの中の文法的な誤りであり、バグはプログラムの論理的な誤りを表す言葉です。

2 演算と変数

- C 言語の演算について理解する
- 変数の概念と使い方について学習する
- 変数を使った演算の種類を学習する

2-1 演算

- C 言語を使った演算の方法について理解する
- さまざまな種類の演算を理解する
- コメントの使い方を学習する

演算とは何か

前節では printf 関数の使い方について説明しました。ここでは、C 言語を利用した計算について学んでいくことにしましょう。プログラミングの世界では、計算処理のことを**演算（えんざん）**と呼びます。

演算にはさまざまな種類がありますが、私たちが普段行う、足し算・引き算・掛け算・割り算などの計算のことは、**算術演算（さんじゅつえんざん）**と呼ばれています。

次の簡単な算術演算のプログラムを実際に入力・実行してみてください。

Sample204/main.c

```
01 #include <stdio.h>
02 /*
03     演算子を使った計算のプログラム
04 */
05 
06 int main(int argc,char** argv){
07     //  各種演算
```

```
08      printf("%d + %d = %d¥n", 5, 2, 5 + 2);                /* 足し算 */
09      printf("%d - %d = %d¥n", 5, 2, 5 - 2);                /* 引き算 */
10      printf("%d * %d = %d¥n", 5, 2, 5 * 2);                /* 掛け算 */
11      printf("%d / %d = %d 余り %d ¥n", 5, 2, 5 / 2, 5 % 2); /* 割り算 */
12      return 0;
13  }
```

● 実行結果

```
5 + 2 = 7
5 - 2 = 3
5 * 2 = 10
5 / 2 = 2 余り 1
```

◎ 演算子

演算を行う記号のことを**演算子（えんざんし）**と呼びます。足し算の + や、引き算の - はわかるものの、その他の記号は何でしょう？　C 言語で使用する算術演算の演算子には以下のようなものがあります。

● C言語の計算で使われる主な算術演算の演算子

演算子	読み方	意味	使用例
+	プラス	足し算を行う演算子	5 + 5
-	マイナス	引き算を行う演算子	7 - 3
*	アスタリスク	掛け算を行う演算子	7 * 3
/	スラッシュ	割り算を行う演算子	7 / 3
%	パーセント	剰余（じょうよ）演算子。割り算の余り	7 % 3

×ではなく * が掛け算、÷ではなく / が割り算を表す記号であることがわかると思います。

また、% 記号は、かなり使用頻度が高いので、覚えておきましょう。

◎ コメント

プログラムの中に // や、/*　*/ という記号が出てきていますが、これらのことを、**コメント**といいます。

コメントは、**プログラムに注釈を付けるためのもの**で、実行結果には何ら影響を与えませんが、これを付けることで、プログラムが非常にわかりやすくなります。

コメントには、次のような種類があります。

・コメントの種類

記述方法	名前	特徴
/* */	ブロックコメント	/*と*/の間に囲まれた部分がコメントになる。複数行にわたってコメントを付けることができる
//	行コメント	1行のコメントを付けることができる

2-2 変数

- 変数の概念について理解する
- 変数の命名規則について理解する
- 変数を使った演算について理解する

変数とは何か

C言語では、さまざまな演算ができます。決められた値の計算ができるのはもちろんですが、実際のプログラムにはいろいろな数値を使って計算することが想定されます。そこで、C言語には値を常に変えることができる数が存在するのです。これを**変数（へんすう）**といいます。

以下は変数を使った演算処理のプログラムです。入力・実行してみてください。

Sample205/main.c

```
01 #include <stdio.h>
02 
03 int main(int argc, char** argv) {
04     //  使用する変数の定義
05     int a;  //  変数の宣言
06     int b = 3;       //  宣言と代入を同時に行う
07     int add, sub;     //  複数の変数を同時に宣言
08     double avg;     //  int以外の変数を宣言
09     a = 6;  //  代入
10     add = a + b;              //  a,bの和を求める
11     sub = a - b;              //  a,bの差を求める
12     avg = (a + b) / 2.0;     //  a,bの平均値を求める
13     printf("%d + %d = %d¥n", a, b, add);
```

```
14      printf("%d - %d = %d¥n", a, b, sub);
15      printf("%dと%dの平均値:%lf¥n", a, b, avg);
16      return 0;
17  }
```

• 実行結果

```
6 + 3 = 9
6 - 3 = 3
6と3の平均値 4.500000
```

◉ 変数の宣言

プログラムの中に a、b、add、sub、avg といった文字列が出ていますが、これが変数です。

変数とは数値などのさまざまなデータを入れることができる箱のようなものです。変数は複数使うことが当たり前であるため、このように名前を付けて識別しています。

「int a;」となっている部分を、**変数の宣言（せんげん）**といい、使用する変数の名前と、後述する型を定義します。int は型が整数であることを表し、a は変数名を表します。したがって、この部分は「a という名前の整数を表す変数を用意する」という処理をすることになります。

◉ 代入と初期化

9 行目で、「a = 6;」とすると、a に 6 という値が入ります。これを**代入（だいにゅう）**といいます。変数を宣言したときに、最初に行う代入のことを、特に**初期化（しょきか）**といいます。

数値が代入された変数は、その数値として扱うことができます。例えば、a=6 とすれば、a は別の値が代入されるまで、整数値 6 として扱うことができます。変数は原則的に何度も値を変えることが可能です。

◉ 変数の初期化と代入

```
int a;      ← 変数の宣言（a という変数を使えるようにする）
a = 6;      ← 代入（変数に値を入れる）
```

● 変数の宣言と代入のイメージ

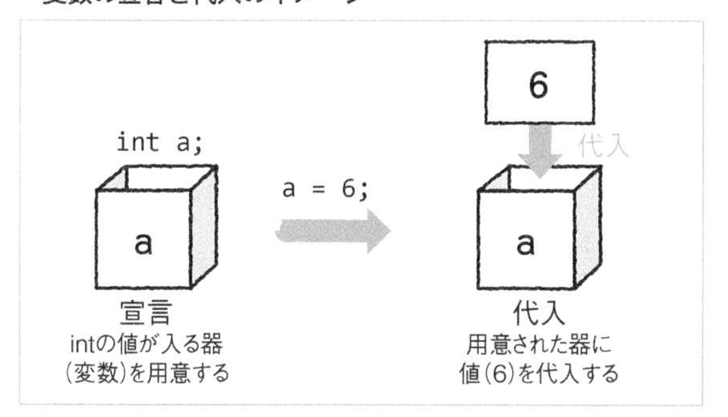

◎ データ型

int や、double は、データ型（データがた）といい、変数がどんな値を扱うのかを示しています。C 言語には以下のようなデータ型があります。

● C言語で扱えるデータ型

データ型	説明
char	1バイトの符号付整数。ASCIIコードといった文字コードに使用
unsigned char	1バイトの符号なし整数
short	2バイトの符号付整数
unsigned short	2バイトの符号なし整数
long	4バイトの符号付整数
unsigned long	4バイトの符号なし整数
int	2または4バイトの符号付整数（コンパイラに依存）
unsigned	2バイトまた4バイトの符号なし整数（コンパイラに依存）
float	4バイトの単精度浮動小数点実数
double	8バイトの倍精度浮動小数点実数

◎ 初期化

変数は、宣言時に値を代入して一度に初期化することができます。

● 変数の宣言と初期化を同時に行う

```
int a = 6;
```

← 変数の宣言と同時に値を代入（初期化）

また、以下のように、「,」で区切ることで同時に複数の変数を宣言し、初期化することも可能です。

・複数の変数を同時に宣言

```
int a,b;         ← 変数 a、b を宣言
int a=1,b=2;     ← 変数 a、b を初期化
int a,b=1;       ← 変数 a、b を宣言、b のみを初期化
```

なお、**変数は必ず初期化して使うというルール**があります。 初期化していない変数を使用すると、プログラムが異常終了することがあります。

◎変数の宣言や初期化を行う位置

変数の宣言をする場所は、{} の先頭の部分で行うようにしましょう。

以下のように、何らかの処理が行われたあとで変数を定義すると、コンパイラによってはエラーになるケースがあるので注意が必要です。

・変数の宣言の位置に関する注意

```
int main(int arg,char** argv) {
    // 先頭の部分で変数の宣言を行う
    int a,b=1;
    double d=0.1,e;
    printf("hello¥n");
    int c;          ← 何らかの処理を行ったあとに変数の宣言はできない
    ...
}
```

この規則は、C 言語の上位互換言語である C++ で撤廃され、かつ C 言語の比較的新しいバージョンのコンパイラではエラーが出ません。

ただ C コンパイラは必ずしも最新版のものが使われるわけではないので、このようなルールがわからないと「ただ単に変数を宣言したのになぜエラーが出るのだろう？」と混乱する原因となります。

C 言語でプログラムを作る上では必要な知識なので、注意してください。

計算の優先順位

プログラム中の「( )（カッコ）」は、計算の優先順位を変更するものです。

● ( )を使用した場合と、使用しない場合の演算の処理

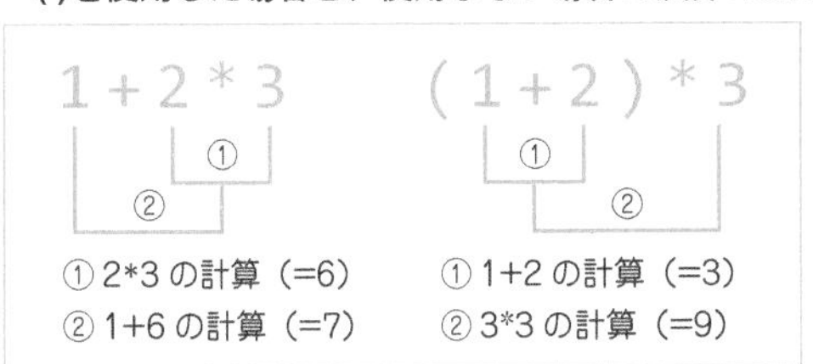

( ) がない演算では、最初に掛け算の演算である「2 * 3」が実行され、その結果の6に1が加算されます。したがって、結果は7になります。

しかし ( ) を付けた式にすると ( ) の中の「1 + 2」を先に行い、その結果である、3と次の3が掛けられ、結果は9になります。

このように、C言語にも、数学と同じような演算子の優先順位があります。加減乗除といった基本的な数値計算に関しては、数学のルールと同じです。

変数の命名規則

変数の名前は自由に付けることができますが、何でもよいというわけではなく、以下のようなルールがあります。

- **使用できる文字は半角の英文字（A～Z, a～z）、数字（0～9）、アンダーバー（_）、ドル（$）。**
  例：abc、i、_hello、num1、$value など
- **変数名の最初の文字を数字にすることはできない。必ず英文字およびドル、アンダーバーからはじめること。**
  例：a123 ⇒ ○、$a ⇒ ○、_a ⇒ ○、123a ⇒ ×
- **英文字の大文字と小文字は別の文字として扱われる。**
  例：ABC と abc は違う変数とみなされる
- **規定されている C 言語の予約語を使ってはいけない**

予約語とは、C 言語の仕様であらかじめ使い方が決められている単語で、以下のようなものです。

● C言語の予約語

auto	double	int	struct
break	else	long	switch
case	enum	register	typedef
char	extern	return	union
const	float	short	unsigned
continue	for	signed	void
default	goto	sizeof	volatile
do	if	static	while

代入演算

通常、代入処理は以下のように記述します。

● 代入処理

```
a = 1;      ← 変数 a に 1 を代入
a = b;      ← 変数 a に変数 b の値を代入
d = 4.0;    ← 変数 d に 4.0 を代入
```

数学の「=」記号は、左辺と右辺の値が等しいという意味ですが、代入で使用する **=(イコール)** 記号は、右辺の値を左辺の変数に代入するという意味になるため、次のような表現がしばしば使われます。

● 自身を使った計算結果を代入する

```
a = a + 1;    ← ① a に、a+1 の値を代入する
b = b * 5;    ← ② b に、b*5 の値を代入する
```

この場合、①の場合は、仮に最初の段階で a に 1 が入っていたとすると、そこに 1 を足した 2 が a に代入されます。②についても同様で、b に 2 が入っていたら、2 に 5 を掛けた値、つまり 10 が b に入ります。

• a=a+1の処理

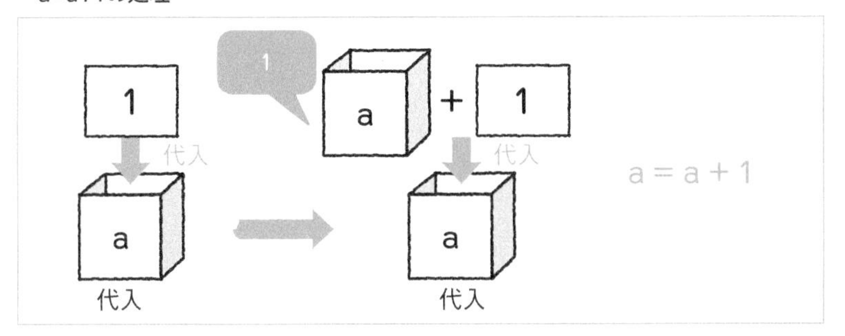

このような演算は、**代入演算子（だいにゅうえんざんし）**を使うと簡潔に表現できます。

例えば、「a=a+1」という処理は、「a+=1」と簡潔に表現できます。

以下は代表的な代入演算子とその書式です。

• 代入演算子の使用例

演算子	使用例	意味
+=	a+=1	a=a+1
-=	a-=1	a=a-1
*=	a*=2	a=a*2
/=	a/=2	a=a/2
%=	a%=2	a=a%2

では、実際に代入演算子を使った次のサンプルを実行してみてください。

Sample206/main.c

```
01 #include <stdio.h>
02 
03 int main(int argc, char** argv) {
04     //  使用する変数の定義
05     int a1 = 2, b1 = 2, c1 = 2, d1 = 2;     //  変数の宣言(1)
06     int a2 = 2, b2 = 2, c2 = 2, d2 = 2;     //  変数の宣言(2)
07     //  普通の演算による計算と代入
08     a1 = a1 + 1;
09     b1 = b1 - 1;
10     c1 = c1 * 2;
11     d1 = d1 / 2;
```

```
12      //  代入演算による計算
13      a2 += 1;
14      b2 -= 1;
15      c2 *= 2;
16      d2 /= 2;
17      printf("a1=%d b1=%d c1=%d d1=%d¥n", a1, b1, c1, d1);
18      printf("a2=%d b2=%d c2=%d d2=%d¥n", a2, b2, c2, d2);
19      return 0;
20  }
```

- 実行結果

```
a1=3 b1=1 c1=4 d1=1
a2=3 b2=1 c2=4 d2=1
```

a1、a2 にはともに初期値として 2 が代入されています。「a1=a1+1」という処理で a1 の値が 3 になり、同様に「a2+=1」という処理で a2 も 3 になり、2 つの演算は同じ結果を得られることがわかります。b1 から d1、b2 から d2 に関しても同様です。

キャストとデータの型変換

次に、異なる型の変数間で代入するケースを見てみます。

Sample207/main.c

```
01  #include <stdio.h>
02  
03  int main(int argc, char** argv) {
04      int i1, i2, j1, j2;
05      double d1, d2, e1, e2;
06      //  j1,j2に値を代入
07      j1 = 3;
08      j2 = 3;
09      //  d1,d2に値を代入。
10      d1 = 1.23;
11      d2 = 1.23;
12      //  i1,i2にd1,d2の値を代入
13      i1 = d1;            //  普通に代入
14      i2 = (int)d2;       //  キャストして代入
15      //  e1,e2にj1,j2の値を代入
16      e1 = j1;            //  普通に代入
17      e2 = (double)j2;    //  キャストして代入
18      printf("d1 = %f d2 = %lf¥n", d1, d2);
```

```
19      printf("i1 = %d i2 = %d¥n", i1, i2);
20      printf("j1 = %d j2 = %d¥n", j1, j2);
21      printf("e1 = %f e2 = %lf¥n", e1, e2);
22      return 0;
23  }
```


● 実行結果

```
d1 = 1.230000 d2 = 1.230000
i1 = 1 i2 = 1
j1 = 3 j2 = 3
e1 = 3.000000 e2 = 3.000000
```

◎ キャスト

このサンプルでは、double 型から int 型の変換（d1 と d2 が、i1 と i2 へ）と、int 型から double 型への変換（j1 と j2 が、e1 と e2 へ）を行っています。実行結果を見ると、前者の場合、小数点以下の数値が切り捨てられ、後者の場合、実数に変換されていることがわかります。

14 行目と 17 行目では、変換する値への**型変換**が行われています。型変換は**キャスト**ともいいます。

● 変数の型変換（キャスト）

```
i2 = (int)d2;
e2 = (double)j2;
```

i2 は int 型なので、double 型の d2 の値を代入するとき、d2 の前に (int) を付けます。e2 は double 型なので、j2 の前に (double) を付け、j2 を double 型に変換して代入します。

実数から整数の変換は小数点以下が桁落ちし、データの一部が損なわれます。

◎ 型変換と警告

キャストがなくても結果は変わりませんが、13 行目のキャストなしの型変換では次の警告が発せられます。

● 実数→整数の変換でコンパイル時に出る警告

```
warning C4244: '=' : 'double' から 'int' への変換です。データが失われる
可能性があります。
```

3 条件分岐

- 条件分岐の概念について理解する
- if 文および switch 文を使った条件分岐を学習する

3-1 if 文

- if 文の条件分岐について理解する
- 比較演算について理解する
- 基本的な条件分岐の記述方法を学習する

条件分岐とは何か

プログラムは、さまざまな状況に応じて違った処理を行わなくてはなりません。

例えばゲームの場合「もし、敵に当たったらゲームオーバー」といったような、条件に応じた処理の分岐が必要になります。

ここからは、**条件分岐（じょうけんぶんき）**について説明します。C 言語では、そのために **if（イフ）**と、**switch（スイッチ）**という文が用意されています。

if 文

手始めに条件分岐の最も基本的な処理である、if 文について学んでいきましょう。if とは、英語で「もしも」という意味を表す単語で、**「もしも〜だったら、...... する」**といった処理を行うために使います。まずは、次の if 文を含むプログラムを実行してみてください。

Sample208/main.c

```
01 #include <stdio.h>
02 
03 int main(int argc, char** argv) {
04     int a;
05     printf("数値を入力:");
06     //  キーボードから整数を入力
07     scanf("%d", &a);
08     //  入力した値が、正の数かどうかを調べる
09     if (a > 0) {
10         printf("入力した値は、正の数です。¥n");//正の数だった場合に実行
11     }
12     return 0;
13 }
```

実行すると、「数値を入力：」と表示されるので、キーボードから正の整数を入力し Enter キーを押してみましょう。

● **実行結果1.（正の数を入力した場合）**

```
数値を入力:5        ← 数値を入力して Enter キーを押す
入力した値は、正の数です。
```

すると「入力した値は、正の数です。」と表示されてプログラムが終わります。しかし、0以下の数を入力すると何も表示されません。

● **実行結果2.（0もしくは負の数を入力した場合）**

```
数値を入力:-1       ← 数値を入力して Enter キーを押す
```

◎ scanf関数

このプログラムの仕組みを順を追って説明します。まず、7行目に出てくる以下の新しい関数から見てみましょう。

● scanf関数

```
scanf("%d",&a);
```

scanf（スキャンエフ）関数は、キーボードから入力した値を変数に代入する関数です。整数型の変数に値を入れるには、変数名の先頭に**「&（アンパサント）」**を付け、中には整数を表す %d と記入します（理由については後述します）。

scanfl関数とSDLチェック

ところで、プロジェクトを作る際に、SDL チェックを無効にすることを不思議に思っている方も多いとは思います。実はその大きな理由の 1 つが、この scanf 関数を使うためです。

プログラムを入力すると、以下のように scanf 関数の部分に緑色の波線が表示されます。

● scanf関数の緑色の波線

```
1   #include <stdio.h>
2
3   int main(int argc, char** argv) {
4       int a;
5       printf("数値を入力：");
6       //  キーボードから整数を入力
7       scanf("%d", &a);
8       //  入力した値が、正の数かどうかを調べる
9       if (a > 0) {
10          printf("入力した値は、正の数です。¥n");  //  正の数だった場合に実行
11      }
12      return 0;
13  }
```

緑色の波線が表示される

さらに出力の欄には次のように表示されます。

```
warning C4996: 'scanf': This function or variable may be unsafe.
Consider using scanf_s instead. To disable deprecation, use _CRT_
SECURE_NO_WARNINGS. See online help for details.
```

SDL チェックを外さずにこのプログラムを実行しようとするとエラーが発生し実行できません。

● SDLチェックを入れずにプログラムを実行しようとした結果

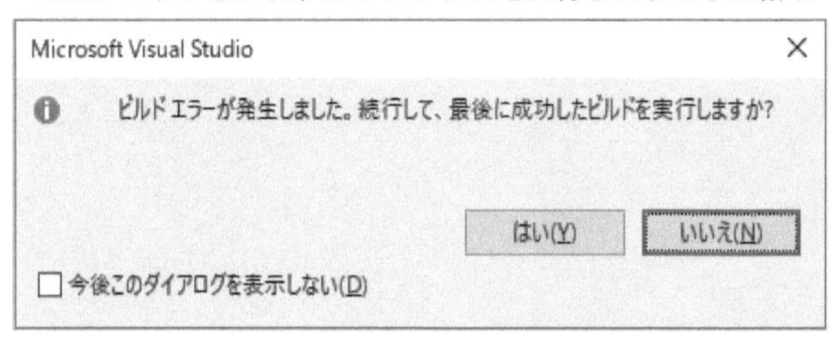

実は、この **scanf 関数は安全性に問題があるため、使用することは推奨されていない**のです。

Visual Studio 2019では､scanf関数を利用するとエラーが出るようになっています。そのため、利用するにはSDLチェックを外して、この関数を利用できるようにする必要があります。「推奨されていない関数を使ってよいのか？」と思われる方もいるかと思いますが、これには複雑な事情があるためで、後ほど詳しく説明します（214ページ参照）。

注意

Visual StudioではSDLチェックを外さないとscanfなどの非推奨の関数は使えません。

if文

次はif文の書式について説明します。if文の書式は次のとおりです。

・if文の書式

```
if(条件式){
    処理
}
```

( )内の条件式が成立したとき、{ }に囲まれた処理を実行するのが、if文です。

Sample208では、a>0、つまりaが0よりも大きいときに{ }内の処理が実行されます。>は、**比較演算子（ひかくえんざんし）**といい、以下のようなものがあります。

・比較演算子

演算子	意味	使用例
>	より大きい	a>0
>=	以上	a>=0
<	より小さい	a<0
<=	以下	a<=0
==	等しい	a == 0
!=	等しくない	a != 0

よって正の整数が入力されると「入力した値は、正の数です。」と表示されます。

● if文の処理のフローチャート

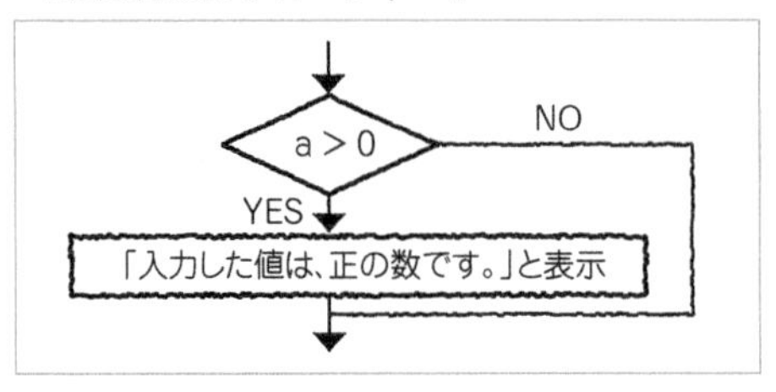

プログラムを実行すると「整数値を入力:」と表示され、入力待ち状態になり、キーボードから整数の値を入力し、入力した数値が偶数であれば、その数値が偶数であると表示するプログラムを作りなさい。

- **期待される実行結果①**

```
整数値を入力:12      ← 偶数を入力して Enter キーを押す
12は偶数です。
```

- **期待される実行結果②**

```
整数値を入力:1       ← 奇数を入力して Enter キーを押す
```

解答例と解説

scanf 関数でキーボードから数値を入力し、変数 num に代入します。次に if 文で、変数 num が偶数かどうかを判定し、そうであればメッセージを表示します。偶数かどうかを判定するには 2 で割って余りがないことを確認します。

Example201/main.c

```
01 #include <stdio.h>
02 
03 int main(int argc, char** argv) {
04     int num;
05     printf("整数値を入力:");
06     scanf("%d" , &num);
07     if (num % 2 == 0) {
08         printf("%dは偶数です。¥n", num);
09     }
10     return 0;
11 }
```

3-2 if ～ else 文

- if ～ else 文の書式について学習する
- if 文の条件が成り立たなかった場合の処理の方法を理解する

else 文

if 文は、条件が成り立つときの処理を記述できます。しかし、条件が成り立たなかった場合の処理も記述する場合もあります。その際には if ～ else 文を使います。

以下のサンプルは Sample208 を変更したものです。入力し実行してみてください。

Sample209/main.c

```
#include <stdio.h>

int main(int argc, char** argv) {
    int a;
    printf("数値を入力:");
    //  キーボードから整数を入力
    scanf("%d", &a);
    //  入力した値が、正の数かどうかを調べる
    if (a > 0) {
        //  正の数だった場合に実行
        printf("入力した値は、正の数です。¥n");
    }
    else {
        //  0か、負の数だった場合に実行
        printf("入力した値は、正の数ではありません。¥n");
    }
    return 0;
}
```

このサンプルを実行すると、正の整数ではない値が入力された場合にもメッセージが表示されます。

● 実行結果（0および負の数を入力した場合）

```
数値を入力:-1
入力した値は、正の数ではありません。
```

← 0もしくは負の数を入力して Enter キーを押す

◉ if~elseの処理

if ～ else 文は、以下のような書式になっています。

● if~else文の書式

```
if(条件式){
    処理①
}
else{
    処理②
}
```

条件式が満たされたときには処理①が実行され、**条件式が満たされなかった場合は、else（エルス）文以下の処理②が実行**されます。したがって、このプログラムは、a が正の整数ではない場合、「入力した値は、正の数ではありません。」と表示されます。

● if~elseのフローチャート

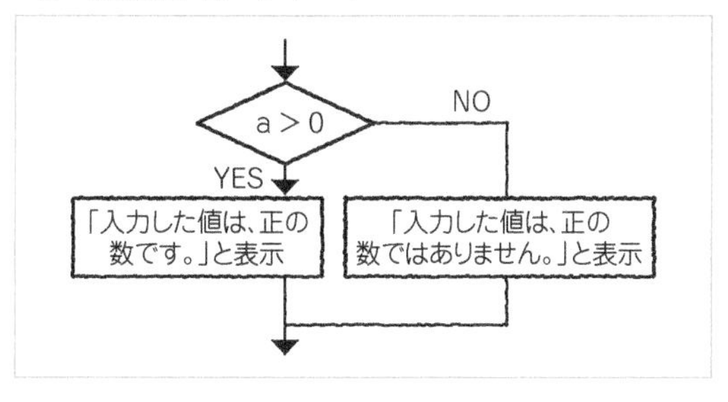

例題 2-2 ★☆☆

例題 2-1 を、次のように奇数の場合もメッセージが出るよう改良しなさい。

- **期待される実行結果①**

```
整数値を入力:12
12は偶数です。
```

偶数を入力して Enter キーを押す

- **期待される実行結果②**

```
整数値を入力:1
1は奇数です。
```

奇数を入力して Enter キーを押す

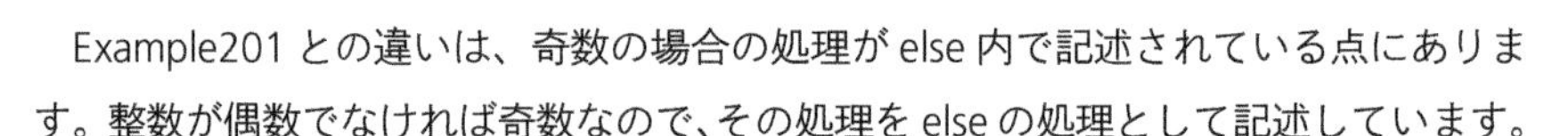

解答例と解説

Example201 との違いは、奇数の場合の処理が else 内で記述されている点にあります。整数が偶数でなければ奇数なので、その処理を else の処理として記述しています。

Example202/main.c

```
01 #include <stdio.h>
02 
03 int main(int argc, char** argv) {
04     int num;
05     printf("整数値を入力:");
06     scanf("%d", &num);
07     if (num % 2 == 0) {
08         printf("%dは偶数です。¥n", num);
09     }
10     else {
11         printf("%dは奇数です。¥n", num);
12     }
13     return 0;
14 }
```

3-3 else if 文

- if 〜 else if 〜 else 文の書式について学習する
- 多くの分岐がある場合の条件分岐の記述方法を学習する

複数の条件のある条件分岐

条件分岐の中には、「信号が赤、青、黄のいずれか」のように 2 つ以上の条件から成る場合もあります。そんな場合、else if（エルスイフ）文を使います。まずは、以下のサンプルを実行してみましょう。

Sample210/main.c

```
01 #include <stdio.h>
02 
03 int main(int argc, char** argv) {
04     int num;
05     printf("1〜3の値を入力してください:");
06     //  キーボードから整数を入力
07     scanf("%d", &num);
08     //  入力した値が、正の数かどうかを調べる
09     if (num == 1) {
10         printf("one¥n");     //  numが1だった場合の処理
11     }
12     else if (num == 2) {
13         printf("two¥n");     //  numが2だった場合の処理
14     }
15     else if (num == 3) {
16         printf("three¥n");   //  numが3だった場合の処理
17     }
18     else {
19         printf("不適切な値です。¥n"); //  それ以外の値だった場合の処理
20     }
21     return 0;
22 }
```

実行すると、「1 〜 3 の値を入力してください :」と表示されて入力待ち状態になり

ます。ここにどんな数値を入れるかによって実行結果が変わってきます。

- 実行結果①（1が入力された場合）

```
1～3の値を入力してください:1
one
```

「1」を入力して Enter キーを押す

- 実行結果②（2が入力された場合）

```
1～3の値を入力してください:2
two
```

「2」を入力して Enter キーを押す

- 実行結果③（3が入力された場合）

```
1～3の値を入力してください:3
three
```

「3」を入力して Enter キーを押す

- 実行結果④（1～3以外の数値が入力された場合）

```
1～3の値を入力してください:4
不適切な値です。
```

「4」を入力して Enter キーを押す

「1」なら「one」、「2」なら「two」、「3」なら「three」が表示されます。それ以外は「不適切な値です。」と表示されます。

else ifの処理

else if 文を使えば、複数の条件の場合についての処理の分岐が可能です。else if 文を含む、if 文全体の書式は以下のとおりです。

- if～else if～else文の書式

```
if(条件式①){
    処理①
}
else if(条件式②){
    処理②
}
else{
    処理③
}
```

条件式①が成り立てば処理①、条件式①が成り立たず条件式②が成り立てば処理②、そのどちらの条件も成り立たなければ処理③が実行されます。なお、**else if 文は、**

if文のあとに何個でも追加することができます。

このサンプルの処理の流れを記述すると次のようになります。

・if~else if~else文のフローチャート

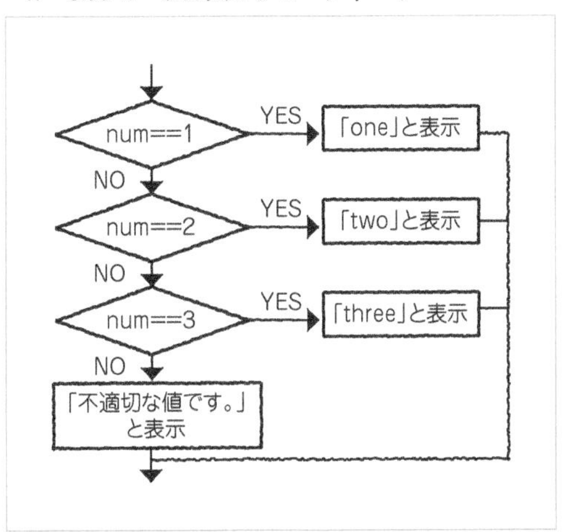

3-4 複雑なif文

- if文を使った複雑な条件分岐の記述方法について学ぶ
- AND、ORを使った複数の条件の記述方法について理解する
- if文のネストについて学習する

複雑な条件分岐

ここまでif文を使った基本的な条件分岐の記述方法について説明してきました。次はif文を使った複雑な条件分岐について説明します。

ここでは、**論理演算子（ろんりえんざんし）**を使ったものと、**if文のネスト**を使ったものを紹介します。

論理演算

論理演算子は、複雑な条件判断をするときには欠かせないものです。C 言語で使われる論理演算子は、以下のとおりです。

● **論理演算子**

演算子	名称	意味	使用例	例の意味
&&	論理積(ろんりせき)	AND(アンド)	a > 0 && b >0	a、bともに正
||	論理和(ろんりわ)	OR(オア)	a > 0 || b >0	a、bいずれか正
!	否定(ひてい)	NOT(ノット)	!(a==0)	aが0ではない

&& は、AND といい、**複数の条件がすべて成り立っているときに真**となります。

また、|| は、OR といい、複数の条件のうち**どれかが成り立っているときに真**ということになります。

! は NOT といい**条件を逆転**させます。

AND と if

まずは AND の例を紹介します。以下のプログラムを入力・実行してみてください。

Sample211/main.c

```
01 #include <stdio.h>
02 
03 int main(int argc, char** argv) {
04     int num1, num2;
05     //  2つの数を入力
06     printf("num1=");
07     scanf("%d", &num1);
08     printf("num2=");
09     scanf("%d", &num2);
10     //  両方とも正の数かどうかを判定
11     if (num1 > 0 && num2 > 0) {
12         printf("num1,num2ともに正の数です。¥n");
13     }
14     else {
15         printf("num1,num2に正ではない数があります。¥n");
16     }
17     return 0;
```

```
18 }
```

プログラムを実行すると、2 回整数値の入力を要求されます。入力した値がともに正なら、「num1,num2 ともに正の数です。」と表示されます。

• 実行結果①（2回正の整数を入力した場合）

```
num1=5        ← 正の整数を入力
num2=2        ← 正の整数を入力
num1,num2ともに正の数です。
```

入力した数値に正でないものがあると、以下のような結果になります。

• 実行結果②（入力した整数のいずれかが正の数ではない場合）

```
num1=1        ← 正の整数を入力
num2=-1       ← 正ではない整数を入力
num1,num2に正ではない数があります。
```

num1、num2 が、ともに正であることを確認するのが 11 行目の if 文で、「num1 > 0 && num2 > 0」と記述し、「num1 > 0 かつ num2 > 0」という条件を表しています。真を True、偽を False とすると、&& の処理は次のようになります。

• num1 > 0 && num2 > 0のTrueとFalse

num1 > 0	num2 > 0	num1 > 0 && num2 > 0
True	True	True
True	False	False
False	True	False
False	False	False

OR と if

次に OR を使った例を紹介します。次のプログラムを入力・実行してみてください。

Sample212/main.c

```
01 #include <stdio.h>
02
```

```
03 int main(int argc, char** argv) {
04     int num1, num2;
05     // 2つの数を入力
06     printf("num1=");
07     scanf("%d", &num1);
08     printf("num2=");
09     scanf("%d", &num2);
10     // どちらかが正の数かどうかを判定
11     if (num1 > 0 || num2 > 0) {
12         printf("num1,num2のどちらかが正の数です。¥n");
13     }
14     else {
15         printf("num1,num2ともに正の数ではありません。¥n");
16     }
17     return 0;
18 }
```

ANDの場合と違うのは、11行目のif文の中の条件式です。

「num1 > 0 || num2 > 0」と記述することにより、「num1 > 0 か num2 > 0」という条件を表しています。

● num1 > 0 || num2 > 0のTrue/False

num1 > 0	num2 > 0	num1 > 0 && num2 > 0
True	True	True
True	False	True
False	True	True
False	False	False

&&と違い、num1>0、num2>0のいずれかが成立してればよいということです。その場合に条件が成立し、「num1,num2のどちらかが正の数です。」と表示されます。

● 実行結果①（どちらか一方に整数を入力した場合）

```
num1=5        ← 正の整数を入力
num2=-2       ← 正ではない整数を入力
num1,num2のどちらかが正の数です。
```

それに対し、num1、num2ともに正の数ではない場合は、「num1,num2ともに正の数ではありません。」と表示されます。

• **実行結果②（入力した整数のいずれかが正の数ではない場合）**

```
num1=-1          ← 正ではない整数を入力
num2=-1          ← 正ではない整数を入力
num1,num2ともに正の数ではありません。
```

例題 2-3 ★☆☆

三角形の底辺と高さの値をキーボードで入力させ、その面積を計算するプログラムを作りなさい。この際、底辺か高さの値のいずれかが0である場合には、「面積を計算できません。」と表示しなさい。

• **期待される実行結果①**

```
三角形の底辺を入力:1.2          ← キーボードから底辺を入力
三角形の高さを入力:3.6          ← キーボードから高さを入力
三角形の面積は2.160000です。
```

• **期待される実行結果②**

```
三角形の底辺を入力:1.5          ← キーボードから底辺を入力
三角形の高さを入力:0.0          ← キーボードから0を入力
面積を計算できません。
```

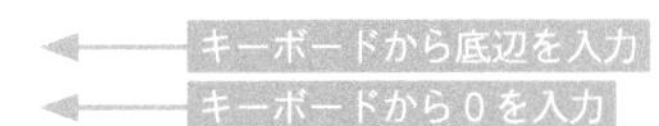

解答例と解説

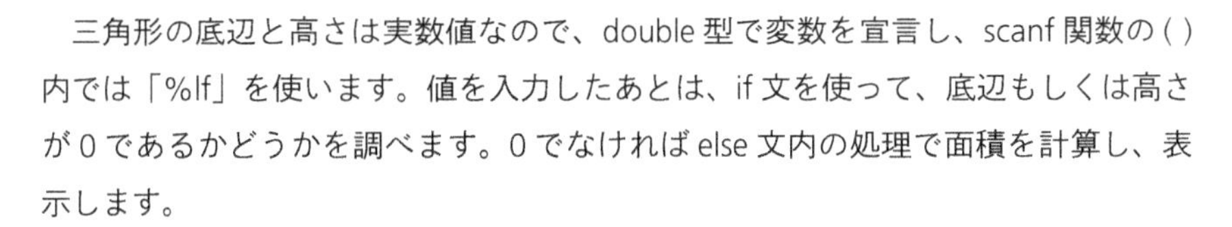

三角形の底辺と高さは実数値なので、double型で変数を宣言し、scanf関数の( )内では「%lf」を使います。値を入力したあとは、if文を使って、底辺もしくは高さが0であるかどうかを調べます。0でなければelse文内の処理で面積を計算し、表示します。

Example203/main.c

```
01 #include <stdio.h>
02 
03 int main(int argc, char** argv) {
04     double bottom,height;     //  底辺と高さ
05     printf("三角形の底辺を入力:");
06     scanf("%lf", &bottom);
07     printf("三角形の高さを入力:");
```

```
08      scanf("%lf", &height);
09      if (bottom == 0.0 || height == 0.0) {
10          printf("面積を計算できません。¥n");
11      }
12      else {
13          printf("三角形の面積は%lfです。¥n", bottom * height / 2.0);
14      }
15      return 0;
16  }
```

3-5 if 文のネスト

- if 文の入れ子構造の使い方を学ぶ
- 複雑に入り組んだ if 文の記述の仕方を理解する

if 文のネストとは、if 文の中にさらに if 文を入れる、つまり if 文の**入れ子構造**を作る方法です。以下のプログラムは、Sample211 の AND の if 文と同じ処理をするプログラムを、if 文のネストで記述したものです。入力して実行してみてください。

Sample213/main.c

```
01 #include <stdio.h>
02 
03 int main(int argc, char** argv) {
04     int num1, num2;
05     //  2つの数を入力
06     printf("num1=");
07     scanf("%d", &num1);
08     printf("num2=");
09     scanf("%d", &num2);
10     //  両方とも正の数かどうかを判定
11     if (num1 > 0) {
12         if (num2 > 0) {
13             printf("num1,num2ともに正の数です。¥n");
14         }
15         else {
16             printf("num1,num2のどちらかが正の数ではありません。¥n");
17         }
18     }
19     else {
20         printf("num1,num2のどちらかが正の数ではありません。¥n");
21     }
22     return 0;
23 }
```

11行目の最初のif文では、num1 の値が正の値かどうかを判断します。正の数であったら、さらに次の if 文で num2 が正かどうかを判断し、正であれば「num1,num2 ともに正の数です。」と表示し、そうでなければ「num1,num2 とものどちらかが正の数ではありません。」と表示します。

　また、最初の if 文の条件が成り立たない、つまり num1 が正の値ではなかったら、19 行目の else 以下が実行され、「num1,num2 とものどちらかが正の数ではありません。」と表示されます。この一連の処理をフローチャートで表すと次のようになります。

• if文のネストフローチャート

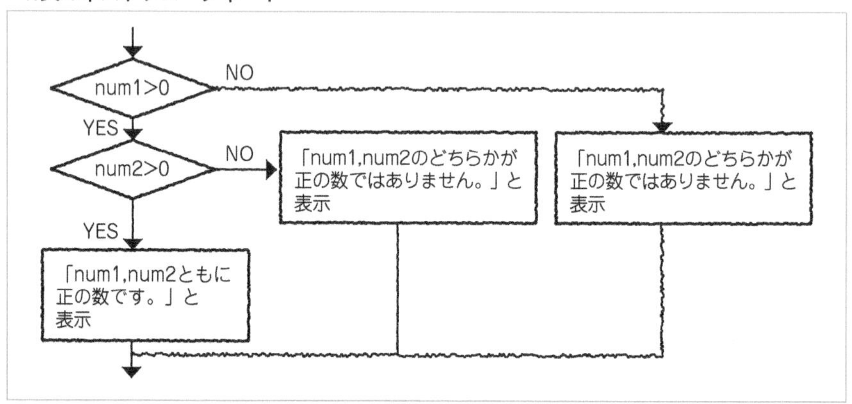

3-6 switch 文

- switch 文の条件分岐について理解する
- if 文との違いを理解する

switch 文による条件分岐

　次に switch（スイッチ）文について説明します。書式は次のようになります。

• switch文の書式

```
switch(値){
    case 値①:
        処理①
        break;
    case 値②:
```

```
        処理②
        break;
    ...
    default:
        処理③
        break;
}
```

( )内の値で条件を分岐させます。条件は、case(ケース)で記述し、そのあとに値が来ます。最後にある、default(デフォルト)という条件は、caseのいずれの条件にも当てはまらない場合のものです。処理の最後のbreak(ブレイク)は、処理の終了を意味します。

次はswitch文を使ったサンプルです。入力・実行してみてください。

Sample214/main.c

```
01 #include <stdio.h>
02 
03 int main(int argc, char** argv) {
04     int num;
05     printf("1〜3の値を入力してください:");
06     //  キーボードから整数を入力
07     scanf("%d", &num);
08     //  入力した値が、正の数かどうかを調べる
09     switch (num) {
10     case 1:
11         printf("one¥n");     //  numが1だった場合の処理
12         break;
13     case 2:
14         printf("two¥n");     //  numが2だった場合の処理
15         break;
16     case 3:
17         printf("three¥n");   //  numが3だった場合の処理
18         break;
19     default:
20         //  それ以外の値が入力された場合の処理
21         printf("不適切な値です。¥n");
22         break;
23     }
24     return 0;
25 }
```

ここでは**Sample210のelse if文と同じ処理**をswitch文で記述しています。

例えば、numが2の場合、「case 2:」の部分の「printf("two¥n");」が実行され、次のbreakでswitch文の外に出て終了します。numが1や3の場合も同様です。

● numが2の場合でのswitch文の処理の流れ

```
switch (num) {
case 1:
        printf("one¥n");
        break;
case 2:
        printf("two¥n");
        break;
case 3:
        printf("three¥n");
        break;
default:
        printf(" 不適切な値です。¥n");
        break;
}
```

❶「case2:」の処理に飛ぶ

❷ breakで外に抜ける

なお、numが1、2、3以外の場合、default:の処理が実行されます。

フォールスルー

switch文では、caseのあとに処理を記述し、breakで抜け出します。しかし、この**breakが無くてもエラーにはなりません**。そのため、わざとbreakを省略して複数の値で同一の処理を行うこともあります。これを、**フォールスルー（fall through）**といいます。

- フォールスルーの例

```
swich(値){
  case 1:
    処理①;
  case 2:
    処理②;
    break;
}
```

値が 1 の場合は処理①が実行されますが、**breakがないため、そのまま処理②が実行**されます。値が 2 の場合は処理②のみが実行されます。

次のサンプルで実際のフォールスルーを体験してみてください。

Sample215/main.c

```
01 #include <stdio.h>
02 
03 int main(int argc, char** argv) {
04     int dice;
05     printf("サイコロの目(1-6):");
06     //  キーボードから整数を入力
07     scanf("%d", &dice);
08     //  入力した値が、偶数か奇数かを調べる
09     switch (dice) {
10     case 1:
11     case 3:
12     case 5:
13         printf("奇数です。¥n");
14         break;
15     case 2:
16     case 4:
17     case 6:
18         printf("偶数です。¥n");
19         break;
20     default:
21         printf("範囲外です。¥n");
22         break;
23     }
24     return 0;
25 }
```

実行すると、整数値の入力を求められます。ここで1,3,5のいずれかを入力すると、「奇数です。」と表示されます。

• **実行結果①（1、3、5のいずれか入力した場合）**

```
サイコロの目(1-6):1
奇数です。
```

また、2、4、6といった偶数を入力すると、「偶数です。」と表示されます。

• **実行結果②（2、4、6のいずれかを入力した場合）**

```
サイコロの目(1-6):2
偶数です。
```

しかし、1～6以外の場合、「範囲外です。」と表示されます。

• **実行結果③（1～6の範囲外の数値が入力された場合）**

```
サイコロの目(1-6):7
範囲外です。
```

1,3,5のときと2,4,6のときには、各々で同一の処理を行うので、フォールスルーを活用すれば効率的に処理を記述できます。

注意

フォールスルーは便利ですが、濫用するとプログラムの流れがわかりにくくなるので注意が必要です。

4 練習問題

正解は 323 ページ

問題 2-1 ★☆☆

円の半径の値をキーボードで入力させ、その円の面積および円周の長さを表示するプログラムを作りなさい。

なお、円周率は 3.14 とすること。

• **期待される実行結果**

```
円の半径を入力:4.0          ← キーボードから半径を入力
面積:50.240000 円周:25.120000
```

問題 2-2 ★☆☆

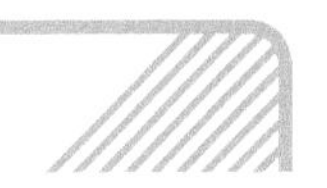

キーボードで 2 つの整数を入力させ、その加算・減算・乗算・除算と余りを表示するプログラムを作りなさい。なお 2 つ目に入力した数値が 0 なら、割り算の代わりに「0 で割ることはできません」と表示しなさい。

• **期待される実行結果①（2つ目の数値が0ではない場合）**

```
1つ目の数値:5          ← キーボードから入力
2つ目の数値:2          ← キーボードから入力
5 + 2 = 7
5 - 2 = 3
5 * 2 = 10
5 / 2 = 2 余り 1
```

・期待される実行結果②（2つ目の数値が0の場合）

```
1つ目の数値:5      ← キーボードから入力
2つ目の数値:0      ← キーボードから入力
5 + 0 = 5
5 - 0 = 5
5 * 0 = 0
0で割ることはできません
```

問題 2-3 ★☆☆

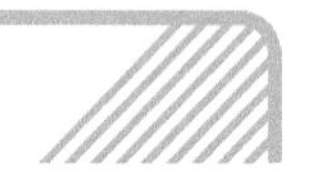

if 文を使って、以下の処理を行うプログラムを作りなさい。

（1）「月（1 ～ 12）の値を入力してください：」と表示し、整数値を入力させる。
（2）入力された値が 12、1、2 の場合には「冬です」と表示しなさい。
（3）入力された値が 3、4、5 の場合には「春です」と表示しなさい。
（4）入力された値が 6、7、8 の場合には「夏です」と表示しなさい。
（5）入力された値が 9、10、11 の場合には「秋です」と表示しなさい。
（6）いずれにも該当しない場合には「不適切な値です」と表示しなさい。

問題 2-4 ★☆☆

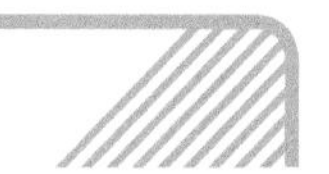

問題 2-3 と同じ処理を、switch 文で記述しなさい

3日目

繰り返し処理・配列変数

1 繰り返し処理

- 繰り返し処理の内容について理解する
- for、while、do ～ while 文の使い方を覚える
- for 文のネストについて理解する

1-1 for 文

- for 文による繰り返し処理について学習する
- for 文の 2 重ループの記述方法について学習する

繰り返し処理

コンピュータのアルゴリズムには、**順次処理（じゅんじしょり）**と**分岐処理（ぶんきしょり）**、**繰り返し処理（くりかえししょり）**があることを説明しましたが、ここでは最後の繰り返し処理について説明します。

C 言語で、繰り返し処理を実現する方法として、for 文、while 文、do ～ while 文が用意されています。それぞれの使い方を見ていきましょう。

for 文

はじめに、繰り返し処理の最も基本的な処理である **for（フォー）文**について学んでいくことにしましょう。for 文は、{ } で囲まれた処理を、指定した条件が満たされている間、繰り返す処理です。

繰り返し処理は**ループ処理**とも呼びます。C 言語で最もよく使われる処理の 1 つです。次のサンプルを実行してみてください。

Sample301/main.c

```
01 #include <stdio.h>
02 
03 int main(int argc, char** argv) {
04     int i;
05     for (i = 1; i <= 5; i++) {
06         printf("%d ", i);
07     }
08     printf("¥n");
09     return 0;
10 }
```

● 実行結果

```
1 2 3 4 5
```

for文の書式

実行結果を見ると、for 文の { } に囲まれた部分が 5 回実行されたことがわかります。しかも変数 i が、1 から 5 に 1 つずつ増加しています。その理由を知るために、まず for 文の書式を見てみましょう。

● for文の書式

```
for ( 初期化処理 ; 条件式 ; 増分処理 ){
    処理
}
```

この書式を Sample301 に当てはめると、初期化処理の部分で、「i = 1」なので、最初は i の値は 1 から始まります。次の条件式は、if 文で使われるものと同じもので、この場合「i <= 5」ですから、i が 5 以下の場合、この処理は継続されます。最後の増分処理には「i++」と書いてありますが、これはインクリメントといって、i の値を 1 増加させる処理です。

以上により、この for 文は、i=1 から始めて、i を 1 つずつ増加させていき、**i が 5 以下ならば { } 内の処理を実行することを繰り返し、i が 5 より大きくなれば、ループから抜ける**という処理になります。

• for文の仕組み

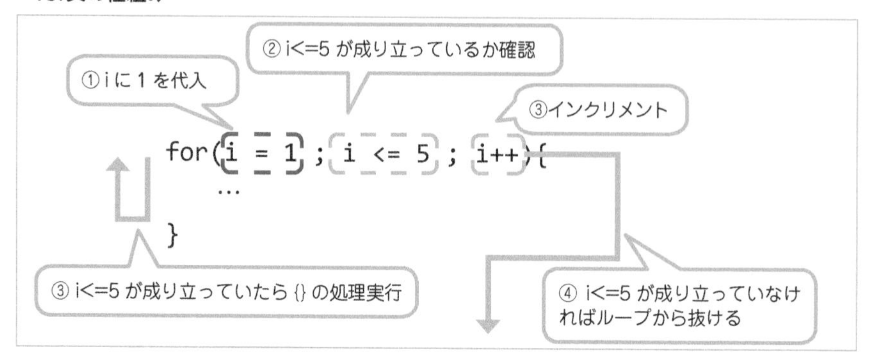

インクリメント・デクリメント

for文では**インクリメント**および、**デクリメント**という処理をよく行います。インクリメントとは、変数の値を1増やす処理です。デクリメントとは、変数の値を1減らす処理です。この処理を表にまとめると、以下になります。

• インクリメント・デクリメントの処理一覧

演算	呼び名	意味	該当する演算
i++	インクリメント（後置）	変数の値を1増加させる	i=i+1もしくはi+=1
++i	インクリメント（前置）	変数の値を1増加させる	i=i+1もしくはi+=1
i--	デクリメント（後置）	変数の値を1減少させる	i=i-1もしくはi-=1
--i	デクリメント（前置）	変数の値を1減少させる	i=i-1もしくはi-=1

前置と後置

上の表を見ると、i++と++i、i--と--iはそれぞれまったく同じ意味であるように見えます。しかし、**前置（ぜんち）**と**後置（こうち）**は、それぞれ意味が異なります。また、インクリメントと代入を同時に行うことが可能です。

• 後置インクリメントと代入を同時に行う例

```
int i = 1;
int a = i++;
```

• 後置インクリメントの処理の内容

```
a = 1  i = 2
```

この処理は、「a = i;」を行ったあとに「i += 1;」という処理を行ったことに該当します。

前置インクリメントも同様の処理を行えます。

● 前置インクリメントと代入を同時に行う例

```
int i = 1;
int a = ++i;
```

● 前置インクリメントの処理の内容

```
a = 2  i = 2
```

この処理は、「i += 1;」を行ったあとに「a = i;」という処理を行ったことに該当します。つまり**前置の場合は、演算の終了後、左辺の値に代入される**のに対し、**後置の場合は、代入のあとに演算を行う**という違いに基づくものです。デクリメントの場合も同様です。

このような処理は、かつてコンピュータの処理速度が今より遅く、メモリが十分になかったころ、リソースを少しでも節約するためによく使われた手法です。しかし、濫用するとプログラムが読みにくくなり、バグを生む原因となりやすい処理です。そのため、現在のコンピュータは処理スピードもメモリも十分なので、こういった処理をプログラム中で書くことはあまりなくなりました。

注意

代入処理とインクリメント・デクリメントの併用は、プログラムをコンパクトにするテクニックとして有効ですが、プログラムの可読性が低くなりバグを生みやすくなる危険性があります。

さまざまなfor文の記述方法

次に、for 文のさまざまな記述方法を見てみましょう。Sample301/main.c の 5 行目を、以下の表のようにいろいろな値に変えてみましょう。

● for文の記述方法

記述方式	実行結果	説明
`for(i = 0; i < 5; i++)`	0 1 2 3 4	変数の値を0から1ずつ増加させ、5以上になると終了
`for(i = -2; i <= 2; i++)`	-2 -1 0 1 2	変数の値を-2から1ずつ増加させ、2より大きくなると終了
`for(i = 0; i < 10; i+=2)`	0 2 4 6 8	変数の値を0から2ずつ増加させ、10以上になると終了
`for(i = 5; i >= 1; i--)`	5 4 3 2 1	変数の値を5から1ずつ減少させ、1より小さくなると終了
`for(i = 2; i >= -2; i--)`	2 1 0 -1 -2	変数の値を2から1ずつ減少させ、-2より小さくなると終了
`for(i = 12; i > 0; i-=3)`	12 9 6 3	変数の値を12から3ずつ減少させ、0以下になると終了

forの2重ループ

次に、forの2重ループ、もしくは、forのネストと呼ばれる処理を紹介します。この処理は、for 文の中にさらに for 文を記述します。次のサンプルを入力・実行してみてください。

Sample302/main.c

```
01 #include <stdio.h>
02 
03 //  for文の2重ループ
04 int main(int argc, char** argv) {
05     int i, j;
06     for (i = 1; i <= 2; i++) {
07         for (j = 1; j <= 3; j++) {
08             printf("%d x %d = %d  ", i, j, i * j);
09         }
10         printf("¥n");
11     }
```

```
12        return 0;
13    }
```

● 実行結果

```
1 x 1 = 1  1 x 2 = 2  1 x 3 = 3
2 x 1 = 2  2 x 2 = 4  2 x 3 = 6
```

このプログラムでは、外側の変数iのループが、内側の変数jのループを繰り返しています。それぞれ、2回×3回で、6回のループが実現しています。

● i、jの関係性

i	j	i*j
1	1	1
1	2	2
1	3	3
2	1	2
2	2	4
2	3	6

ループ処理のネストを**多重ループ**といい、3重、4重のループを作ることも可能です。

注意

多重ループの階層を深くしすぎるとプログラムの効率が悪くなります。

例題 3-1 ★☆☆

for 文を使って、「Hello」という文字列を 3 回表示しなさい。

- **期待される実行結果**

```
Hello
Hello
Hello
```

解答例と解説

for 文の中に「Hello」を表示する処理を記述すれば、繰り返す数だけ表示されます。

Example301/main.c

```
01 #include <stdio.h>
02 
03 int main(int argc, char** argv) {
04     int i = 0;
05     for (i = 0; i < 3; i++) {
06         printf("Hello¥n");
07     }
08     return 0;
09 }
```

例題 3-2 ★★☆

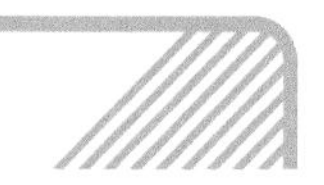

以下のように、キーボードで正の整数を入力させ、1 からその数までの数を表示するプログラムを作りなさい。

- **期待される実行結果①（正の数を入力した場合）**

```
正の数を入力してください:7
1 2 3 4 5 6 7
```

← キーボードから正の数を入力

ただし、入力された数値が正の数でない場合は、「入力した値は不適切です」と表示してプログラムを終了させなさい。

- **期待される実行結果②（入力した数値が正の数ではなかった場合）**

```
正の数を入力してください:-1
入力した値は不適切です。
```

解答例と解説

最初にscanf関数で整数値を入力させ、その数が正であれば、for文で1からその数までを表示し、そうでなければメッセージを表示して終了します。

Example302/main.c

```
01 #include <stdio.h>
02 
03 int main(int argc, char** argv) {
04     int i, num;
05     printf("正の数を入力してください:");
06     //  キーボードから繰り返しの回数を入力させる
07     scanf("%d", &num);
08     if (num > 0) {
09         //  正の数が入力された場合
10         for (i = 1; i <= num ; i++) {
11             printf("%d ", i);
12         }
13         //  数字を表示後に改行
14         printf("¥n");
15     }
16     else {
17         //  入力された値が正の数ではなかった場合
18         printf("入力した値は不適切です。¥n");
19     }
20     return 0;
21 }
```

例題 3-3 ★★☆

for 文の 2 重ループを使って、以下のような図形を表示させるプログラムを作りなさい。

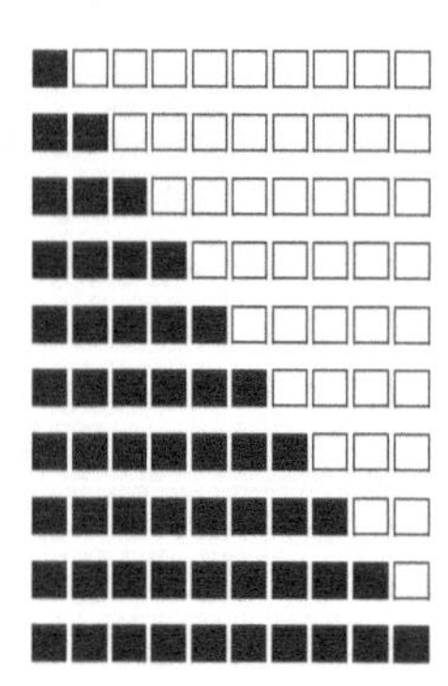

解答例と解説

i、j の for2 重ループを使って、10 × 10 の表示を行います。この際、■もしくは□のどちらかを表示するには、ループに使う変数 i と j の大きさの関係に注目します。i を行、j を列としたとき、i が j 以上の場合には■、そうでなければ□であることがわかるので、if 文を使って書き分けます。

なお、内側のループでは 1 行表示し終わったら、改行を行う必要があります。

Example303/main.c

```
01 #include <stdio.h>
02 
03 int main(int argc, char** argv) {
04     int i, j;
05     // 行の描画を繰り返す
06     for (i = 0; i < 10; i++) {
07         // 行の描画
08         for (j = 0; j < 10; j++) {
09             // iがj以上であれば■、そうでなければ□を表示する
10             if (i >= j) {
11                 printf("■");
12             }
```

```
13              else {
14                  printf("□");
15              }
16          }
17          //  1行書き終わったら改行させる
18          printf("¥n");
19      }
20      return 0;
21  }
```

1-2 while 文・do ～ while 文

- while 文と do ～ while 文による繰り返し処理について学習する
- while 文と do ～ while 文の違いを理解する
- 無限ループについて学習する

while 文

ループ処理を行うのは、for 文だけではなく **while（ホワイル）**文でも実現可能です。while は英語で「～の間」という意味で、**指定した条件が成り立っている間、処理を繰り返します**。まずは、以下のサンプルを入力・実行してください。

Sample303/main.c

```
01 #include <stdio.h>
02 
03 //  while文を使ったループ
04 int main(int argc, char** argv) {
05     int i = 0;
06     while (i <= 5) {
07         printf("%d ", i);
08         i++;
09     }
10     printf("¥n");
11     return 0;
12 }
```

● 実行結果

```
0 1 2 3 4 5
```

◎ while文の書式

プログラムについて解説する前に、まずは while 文の書式を見てみましょう。

・while文の書式

```
while(条件式){
    処理
}
```

while 文は、( ) 内の条件が成り立つ間は、{ } 内に記述されている処理を繰り返します。for 文と違って while 文には、増分処理や、初期値を設定する処理が ( ) 内に存在せず、ほかの場所に記述する必要があります。

while文の働き

まず 5 行目で、i を 0 で初期化します。この段階で while 文の条件である、「i <= 5」は True ですから、ループ処理に入ります。ループ内で i の値を表示するとともに、i++ を行うことで、i の値が増加しています。そのため、i=6 となると、「i <= 5」は正しくないためループから抜けます。

・while文の仕組み

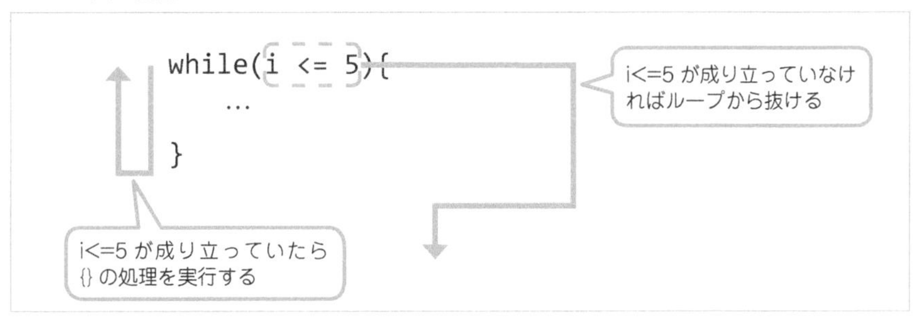

・iと条件の関係性

i	条件式	True/False
1	1<=5	True
2	2<=5	True
3	3<=5	True
4	4<=5	True
5	5<=5	True
6	6<=5	False

do ～ while 文

次に、ループ処理の 3 つ目である、do ～ while（ドゥ・ホワイル）文について説明しましょう。まずは、次のサンプルを入力・実行してください。

Sample304/main.c

```
01 #include <stdio.h>
02 
03 //  do～while文を使ったループ
04 int main(int argc, char** argv) {
05     int i = 0;
06     do {
07         printf("%d ", i);
08         i++;
09     } while (i <= 5);
10     printf("¥n");
11     return 0;
12 }
```

• 実行結果

```
0 1 2 3 4 5
```

◎ while文の書式

do ～ while 文の書式は、次のようになります。

• do～while文の書式

```
01 do{
02     処理
03 }while(条件式);
```

← while のあとにセミコロンがついている

do ～ while 文は 条件式の判定が後ろについているだけで、while 文と同じ働きをします。なお、while のあとに「;」がついているので注意してください。

while 文と違い、一度 { } 内の処理を実行してから条件判定を行います。そのため、do ～ while 文の処理の流れは次のとおりになります。

- do～while文の仕組み

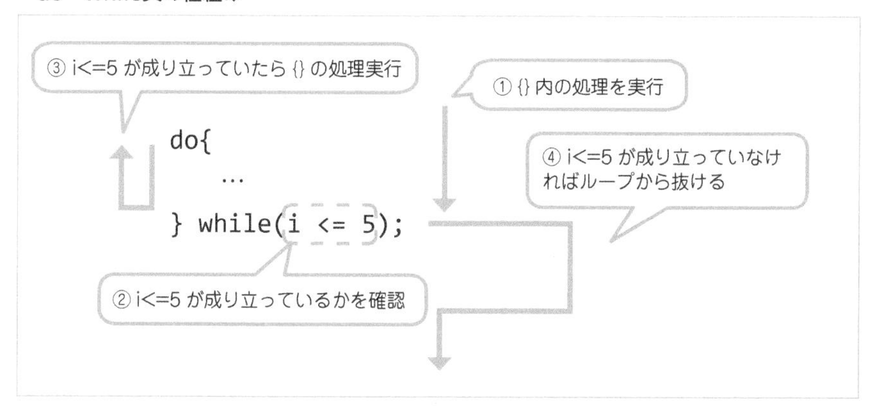

まず、条件式が成り立つか、成り立たないかを判断する前に、{ } の処理を一度実行します（図①）。

次に while 文の中の条件が成り立っているかを調べます（図②）。

条件が成り立っていれば再び { } の先頭部分に戻り再び処理を実行します（図③）。しかし、成り立たなければ、ループから抜けます（図④）。

while 文と do ～ while 文の違い

while 文と do ～ while 文の違いを確認するために、次のサンプルを実行してみてください。

Sample305/main.c

```
01 #include <stdio.h>
02 
03 //  while文とdo～while文の比較
04 int main(int argc, char** argv) {
05     int i, num;
06     printf("回数を入力:");
07     scanf("%d", &num);   //  キーボードからループの回数を入力
08     //  while文で実行
09     printf("whileで実行¥n");
10     i = 1;
11     while (i <= num) {
12         printf("*");
```

```
13          i++;
14      }
15      printf("¥n");
16      //  do～while文で実行
17      printf("do～whileで実行¥n");
18      i = 1;
19      do {
20          printf("*");
21          i++;
22      } while (i <= num);
23      printf("¥n");
24      return 0;
25  }
```

プログラムを実行すると「回数を入力:」と表示され、数値の入力を求められます。整数値を入力するとその数だけ「*」が表示されます。

例えば5を入力した場合の実行結果は次のようになります。

- **実行結果①（5を入力した場合）**

```
回数を入力:5
whileで実行
*****
do～whileで実行
*****
```

この場合は、while、do ～ while文は同じ結果になります。しかし0を入力すると、以下のようになります。

- **実行結果②（0を入力した場合）**

```
回数を入力:0
whileで実行
do～whileで実行
*
```

while文のほうは何も表示されませんが、do ～ while文のほうは1つだけ表示されます。

iの値はもともと条件を満たしていないので、while文の処理は実行されません。

do ～ while 文の場合、最初に処理を実行してから条件判定をしているため、条件式を満たしていなくても、一度は処理が実行されるのです。

無限ループ

無限ループとは、その名のとおり「際限なく繰り返されるループ」のことです。ここでは、while 文を使ったサンプルを紹介します。

while文を使った無限ループ

以下に単純な while 文を使った無限ループを紹介します。次のサンプルを入力し、実行してみてください。

Sample306/main.c

```
#include <stdio.h>

int main(int argc, char** argv) {
    while (1) {
        printf("Hello!¥n");
    }
    return 0;
}
```

このプログラムを実行すると、以下のように「Hello!」という文字列が表示され続けて終わりません。

● 実行結果

```
Hello!
Hello!
Hello!
…
```

while 内の値が 1 ということは、条件式がずっと True である状態にあるので、無限に処理が繰り返されます。このような場合、Ctrl+C キーを押すと、プログラムを強制的に終了させることができます。

◉ break文によるループからの離脱

プログラムの誤りで無限ループに陥ってしまうことはしばしばあります。しかし、無限ループの仕組みを利用して、ある条件が成り立つまで同じ処理を繰り返すような処理を記述することもあります。

次のサンプルを入力・実行してみてください。

Sample307/main.c

```
01 #include <stdio.h>
02 
03 //  無限ループからbreak文で抜け出す
04 int main(int argc, char** argv) {
05     int num;
06     printf("負の値で、ループから抜けます。¥n");
07     while (1) {
08         printf("数値を入力:");
09         scanf("%d", &num);
10         if (num < 0) {
11             //  ループから抜ける処理
12             break;
13         }
14     }
15     printf("終了¥n");
16     return 0;
17 }
```

● **実行結果**

```
負の値で、ループから抜けます。
数値を入力:1        ← キーボードから整数値を入力
数値を入力:3
数値を入力:9
数値を入力:0
数値を入力:1
数値を入力:-1       ← 負の値を入力すると終了する
終了
```

プログラムを実行すると、「数値を入力：」と表示され、入力待ちになります。ここに0以上の値を入れると、再度「数値を入力:」と表示され、入力待ちになります。しかし、負の数を入れると、「終了」と表示されて、プログラムが終了します。

9行目で数値を入力したあと、10行目のifで、その数値がマイナスであればbreakを使ってループを抜け、プログラムを終了します。なお、for文やdo～while文でも、breakを使ってループを抜けることができます。

continue文

break文以外にループの流れを変えることができるものとして、continue（コンティニュー）文があります。continue文は、ループの中で処理をスキップさせるために使います。

以下のサンプルを入力・実行してみてください。

Sample308/main.c

```
01 #include <stdio.h>
02 
03 int main(int argc, char** argv) {
04     int i;
05     for (i = 0; i < 5; i++) {
06         //  iが3のとき、ループをスキップ
07         if (i == 3) {
08             continue;
09         }
10         printf("i=%d¥n", i);
11     }
12     return 0;
13 }
```

● 実行結果

```
i=0
i=1
i=2
i=4
```

for文でiを0から5まで変化させ、その値をprintf関数で表示させていますが、「i = 3」のケースのみが表示されません。iが3の場合は、continue文によってループがスキップされ、for文の先頭に戻るためです。

• continueでループをスキップする。

```
for (i = 0; i < 5; i++) {
  //iが3のとき、ループをスキップ
  if (i == 3) {
     continue;
  }
  printf("i=%d¥n", i);
}
```

例題 3-4★☆☆

while 文を使って、「Hello」という文字を 3 回表示しなさい。

- **期待される実行結果**

```
Hello
Hello
Hello
```

解答例と解説

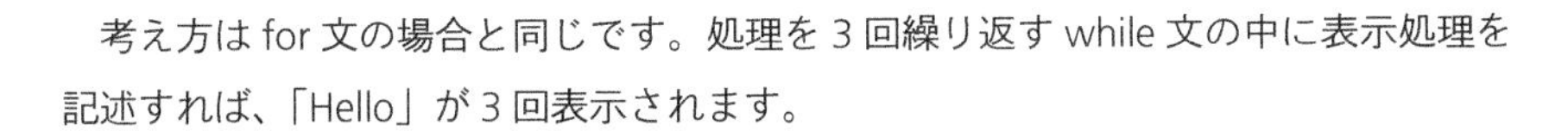

考え方は for 文の場合と同じです。処理を 3 回繰り返す while 文の中に表示処理を記述すれば、「Hello」が 3 回表示されます。

Example304/main.c

```
01 #include <stdio.h>
02 
03 int main(int argc, char** argv) {
04     int i = 0;
05     while (i < 3) {
06         printf("Hello¥n");
07         i++;
08     }
09     return 0;
10 }
```

例題 3-5 ★☆☆

以下の手順で動作するプログラムを作成しなさい。

①「正の整数を入力してください：」と表示する
②ユーザーが数値を入力して Enter キーを押す
③入力した数値が正の整数なら、その値をそのまま表示して、①に戻る
④入力した数値が正の整数でなければ、「正の整数ではありません」と表示し、プログラムを終了する

なお、繰り返し処理にはwhile文を利用すること。

● **期待される実行結果の例**

```
正の整数を入力してください:5       ← 正の整数を入力
5
正の整数を入力してください:8       ← 正の整数を入力
8
正の整数を入力してください:-5      ← 正ではない整数を入力
正の整数ではありません
```

解答例と解説

while文で無限ループを作り、その中でメッセージの表示と数値の入力処理を記述します。そして、正の数が入力されればその値を表示してループさせ、そうでなければメッセージを表示してループから抜けます。

Example305/main.c

```
01 #include <stdio.h>
02 
03 int main(int argc, char** argv) {
04     int num = 0;
05     while (1) {
06         printf("正の整数を入力してください:");
07         //  整数を入力
```

```
08        scanf("%d", &num);
09        if (num > 0) {
10            //  正の整数ならそのまま表示
11            printf("%d¥n",num);
12        }
13        else {
14            //  数値が正でなければメッセージを表示してループから抜ける
15            printf("正の整数ではありません¥n");
16            break;
17        }
18    }
19    return 0;
20 }
```

2 配列変数

- 配列変数について理解する
- 1次元配列、2次元配列について学習する
- 文字列の配列について学習する

2-1 配列変数の基本

- 配列変数の概念について学習する
- 1次元配列、2次元配列の使い方を学ぶ

配列変数とは何か

前回までの内容で、C言語のアルゴリズムの基本的な概念がすべて出てきました。しかし、これだけでは十分なプログラムができるわけではありません。

実用的なプログラムを作るときに大切なことはたくさんありますが、特にここでは大量のデータを扱う場合について説明しましょう。C言語では、変数を使って大量のデータを扱う場合、**配列変数（はいれつへんすう）**を使います。

まずは以下のプログラムを入力・実行してみてください。

Sample309/main.c

```
01 #include <stdio.h>
02 
03 int main(int argc, char** argv) {
04     double one, two, three;            //  変数の宣言
05     double sum, avg; //  合計値、平均値を入れる変数
06     one = 1.2, two = 3.7, three = 4.1;     //  変数の代入
```

```
07      printf("%f %f %f¥n", one, two, three);
08      sum = one + two + three;     //  合計値の計算
09      avg = sum / 3.0;             //  平均値の計算
10      printf("合計値:%f¥n", sum);
11      printf("平均値:%f¥n", avg);
12      return 0;
13  }
```


● **実行結果**

```
1.200000 3.700000 4.100000
合計値:9.000000
平均値:3.000000
```

このプログラムは3つの実数の合計値と平均値を求めるものです。3つの数値はone、two、threeという3つの変数に代入しています。このケースは、数値が3つだからよいですが、もっと増えた場合にどうなるでしょう？　four、five……と、定義する変数の数を増やす必要があります。

しかし、このプログラムを以下のように変更すると、大変楽になります。

Sample310/main.c

```
01  #include <stdio.h>
02
03  int main(int argc, char** argv) {
04      //  サイズ3の配列変数の宣言
05      double d[3];
06      double sum, avg; //  合計値、平均値を入れる変数
07      int i;
08      //  値を代入
09      d[0] = 1.2;
10      d[1] = 3.7;
11      d[2] = 4.1;
12      sum = 0.0;
13      for (i = 0; i < 3; i++) {
14          printf("%f ", d[i]);
15          sum += d[i];
16      }
17      printf("¥n");
18      avg = sum / 3.0;             //  平均値の計算
```

```
19      printf("合計値:%f¥n", sum);
20      printf("平均値:%f¥n", avg);
21      return 0;
22  }
```

実行結果は同じなので省略します。では、このプログラムは一体どのような仕組みになっているのでしょうか。

◎配列変数

5 行目の、double d[3]; という記述が、配列変数の宣言です。**配列変数とは、同一の名前で複数のデータを格納できる変数**で、単に**配列**とも呼ばれます。

配列変数にも、変数名が存在します。このサンプルの場合、d が変数名になります。**[ ] の中に記述されているのが配列の大きさ**で、この場合 3 になります。

以上により、d[0]、d[1]、d[2] という 3 つの double 型の変数が使用可能になります。

● 配列変数の宣言

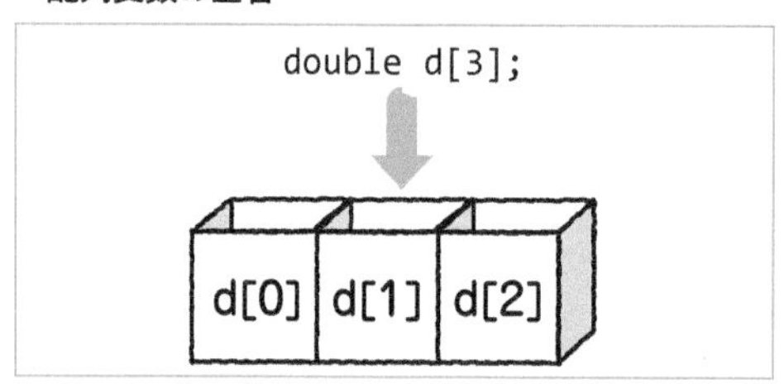

9 ～ 11 行目で、これらの変数に値を代入しています。なお、ここで [ ] の中に書いてある数字を、**添え字（そえじ）**といいます。例えば、「d[1] = 3.7;」という処理は、この配列の 2 番目の変数に、3.7 という値を代入することを意味します。

● 配列変数への値の代入

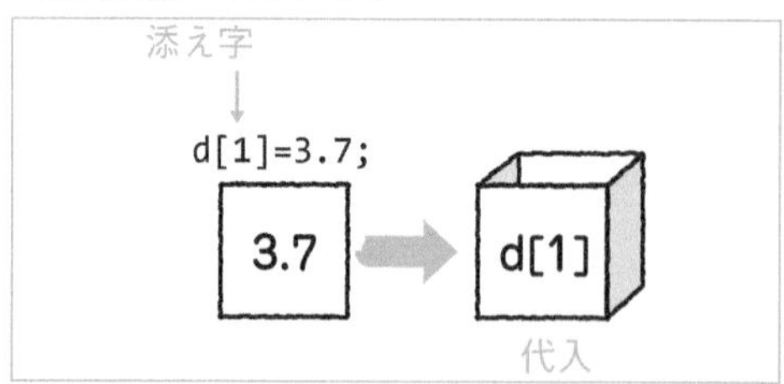

添え字は必ず0から始まるので、配列の大きさが3の場合は2までになります。

通常の変数が戸建て住宅なら、配列変数は集合住宅のようなものです。集合住宅の住所は「○○マンション××号室」のように、建物名+部屋番号という形で記述します。配列変数において、変数名は建物名にあたり、添え字は部屋番号にあたると考えると理解しやすいでしょう。

配列変数を使うメリット

配列変数の中身は13～16行目で表示しています。for文で変数iを0、1、2と変化させると、14行目のd[i]の値はd[0]、d[1]、d[2]と変化していきます。

配列変数と添え字の変化

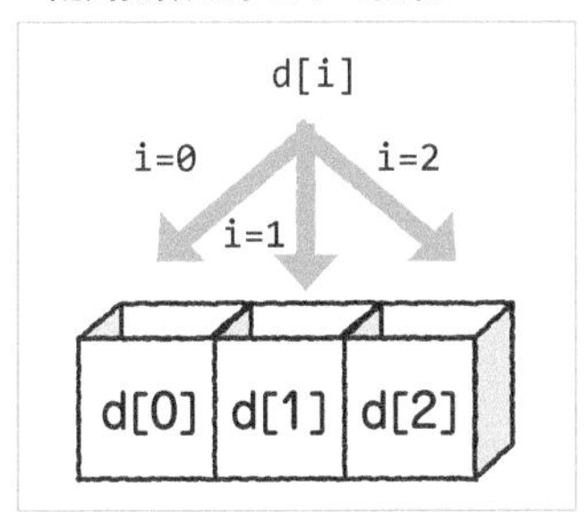

配列の初期化

配列変数で大量のデータに簡単にアクセスできることがわかっていただけたかと思います。ただ、初期化はもう少し楽にならないのでしょうか？　実は、以下のようにすると、配列変数の宣言と初期化を一度に行えます。

Sample311/main.c

```
01 #include <stdio.h>
02 
03 int main(int argc, char** argv) {
04     //  配列変数の初期化
05     double d[] = { 1.2, 3.7, 4.1 };
06     double sum, avg; //  合計値、平均値を入れる変数
07     int i;
08     sum = 0.0;
```

```
09      for (i = 0; i < 3; i++) {
10          printf("%f ", d[i]);
11          sum += d[i];
12      }
13      printf("¥n");
14      avg = sum / 3.0;              //  平均値の計算
15      printf("合計値:%f¥n", sum);
16      printf("平均値:%f¥n", avg);
17      return 0;
18  }
```

これは前のサンプルの配列変数の宣言と値の代入を一度に行ったものです。実行結果を見るとわかるように、5行目の処理は、配列の大きさを3にし、同時に変数の値の代入を行っています。

- **配列変数の宣言と初期化①**

```
double d[] = { 1.2, 3.7, 4.1 };
      ↓ この処理は、以下の処理に相当
int d[3];
d[0] = 1.2;
d[1] = 3.7;
d[2] = 4.1;
```

これは配列変数の初期化と呼ばれるもので、代入する値があらかじめ決まっている場合に利用可能です。なお、この処理は以下のように記述することもあります。

- **配列変数の初期化②**

```
double d[3] = { 1.2, 3.7, 4.1 };
```

どちらで記述しても構いませんが、この場合、**配列の大きさが変わったら[ ]内の配列の大きさも同時に変化させなくてはならない**ので、気を付けましょう。

添え字の範囲

配列を扱う際に気を付けなくてはならないのが、添え字の範囲です。例えば、「int n[5];」とすると整数型の5つの値が入る配列変数ができます。添え字の範囲は0～4となり、変数は、n[0]、n[1]、n[2]、n[3]、n[4]となります。では、配列の添え字がこの範囲を超えてしまったら何が起こるのでしょうか？

実際にわざと範囲を超えるようなプログラムを作って試してみましょう。

Sample312/main.c

```
01 #include <stdio.h>
02 
03 int main(int argc, char** argv) {
04     int n[5];
05     int i;
06     for (i = 0; i < 10; i++) {
07         printf("i=%d ", i);
08         n[i] = i;
09     }
10     printf("¥n");
11     return 0;
12 }
```

● 実行結果

```
i=0 i=1 i=2 i=3 i=4 i=5 i=6 i=7 i=8 i=9
```

このプログラムは4行目で「int n[5];」とし、長さ5の整数型の配列変数を宣言しています。そのあと、6～9行目のループの中で、「n[i]=i;」という処理を行い、値を代入しています。そのため、n[0]=0、n[1]=1、n[2]=2……といった値が代入されます。

for文でiの値は0から9まで変化し、配列の添え字の範囲を超えてしまうことがわかります。

Visual Studio 2019からの警告

Visual Studio 2019でこのプログラムを入力すると、8行目に緑色の波線が出ます。マウスカーソルをあわせると、次のような警告メッセージが表示されます。

● 警告の内容の確認

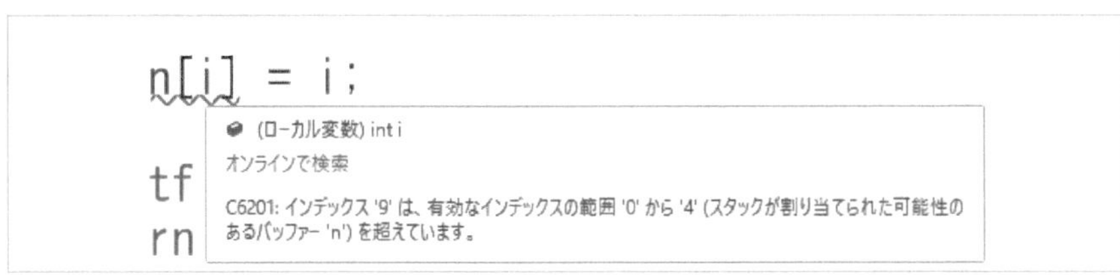

内容を見ると、「C6201　インデックス '9' は、有効なインデックスの範囲 '0' から '4' (スタックが割り当てられた可能性のあるバッファー 'n') を超えています。」と書いてあります。

これは、この個所で添え字の数が許容されている範囲（0 ～ 4）を超えているということを示している警告です。このような場合、プログラムの文法に問題がなくても、実行すると不具合が発生します。

この状態であえてプログラムを実行すると、「Debug Error!」と書いたダイアログが現れます。これはプログラムが異常終了したことを示すメッセージです。メッセージを読むと、「Check Failure # 2 – Stack around the variable ‘n’ was corrupted」と書かれています。

● 現れたダイアログ

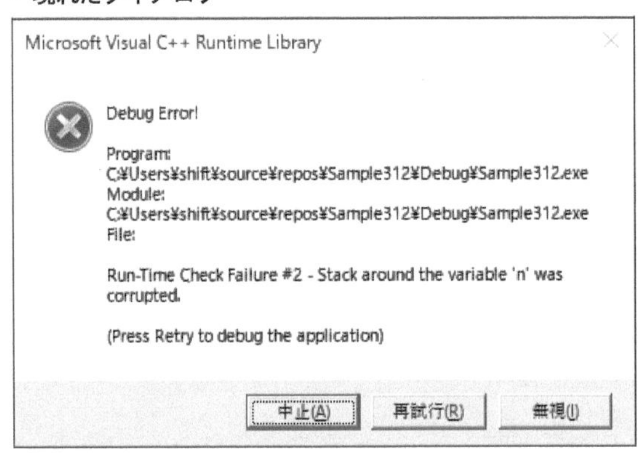

これは、配列 n のメモリ領域が崩壊したということを意味するものです。n は整数 5 つ分の領域しかないのに、それを超えるデータを代入しようとしたためです。

これは**セグメンテーション違反（segmentation fault）**と呼ばれ、アクセスが許可されていないメモリ上の領域、または許可されていない方法でメモリ上の位置にアクセスしようとするときに起こります。配列を使用する際には、この現象を起こさないよう気を付けましょう。

注意

配列変数を利用する際には、指定した配列の範囲を超えないように注意しましょう。

多次元配列

続いて配列変数の応用である、**多次元配列（たじげんはいれつ）**について説明しましょう。ここまで説明してきた配列変数は、最も基本的な配列で、1次元のデータを扱うためのものです。

それに対し、**多次元配列を使うと、2次元、3次元のデータを扱うことができます。**ここでは、その中で最も基本となる2次元配列の例を紹介します。

以下のプログラムを入力・実行してみてください。

Sample313/main.c

```
01 #include <stdio.h>
02 
03 //  2次元配列
04 int main(int argc, char** argv) {
05     int a[3][4];
06     int m, n;
07     //  2次元配列に値を代入
08     for (m = 0; m < 3; m++) {
09         for (n = 0; n < 4; n++) {
10             a[m][n] = m * n;
11         }
12     }
13     //  成分の表示
14     for (m = 0; m < 3; m++) {
15         for (n = 0; n < 4; n++) {
16             printf("%d x %d = %d ", m,n,a[m][n]);
17         }
18         printf("¥n");
19     }
20     return 0;
21 }
```

このプログラムの実行結果は次のようになります。

実行結果

```
0 x 0 = 0 0 x 1 = 0 0 x 2 = 0 0 x 3 = 0
1 x 0 = 0 1 x 1 = 1 1 x 2 = 2 1 x 3 = 3
```

```
2 x 0 = 0 2 x 1 = 2 2 x 2 = 4 2 x 3 = 6
```

2 次元配列となっている変数 a には、2 つの添え字を付けることができます。これにより、2 次元配列を作ることが可能です。

● 2次元配列

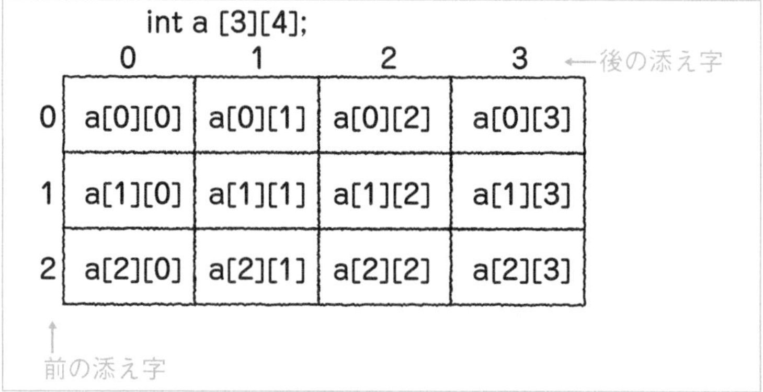

int a [3][4];

	0	1	2	3 ←後の添え字
0	a[0][0]	a[0][1]	a[0][2]	a[0][3]
1	a[1][0]	a[1][1]	a[1][2]	a[1][3]
2	a[2][0]	a[2][1]	a[2][2]	a[2][3]

↑
前の添え字

これにより 3 × 4 = 12 個のデータを配列に格納することができます。このサンプルでは、8 ～ 12 行目の m、n の 2 重ループで a[m][n] に m*n を代入しています。そして、その値を 14 ～ 19 行目で表示しています。こちらも 2 重ループで表示していますが、15 ～ 17 行目で行を表示し、18 行目で改行しています。

配列変数は集合住宅のようなものだということはすでに説明したかと思いますが、今まで扱ってきた 1 次元の配列変数が平屋であるのならば、2 次元配列は 2 階、3 階がある集合住宅だと思えばわかりやすいと思います。

多次元配列の初期化

1 次元配列を簡単に初期化できたように、多次元配列の初期化も簡単にすることができます。

以下のサンプルを入力・実行してみてください。

Sample314/main.c

```
01 #include <stdio.h>
```

```
02
03 //  2次元配列
04 int main(int argc, char** argv) {
05     //  2次元配列の初期化
06     int n[3][5] = {
07         {0, 1, 2, 3, 4},
08         {1, 2, 3, 4, 5},
09         {2, 3, 4, 5, 6}
10     };
11     int i, j;
12     for (i = 0; i < 3; i++) {
13         for (j = 0; j < 5; j++) {
14             printf("n[%d][%d]=%d ", i, j, n[i][j]);
15         }
16         printf("¥n");
17     }
18     return 0;
19 }
```

• 実行結果

```
n[0][0]=0 n[0][1]=1 n[0][2]=2 n[0][3]=3 n[0][4]=4
n[1][0]=1 n[1][1]=2 n[1][2]=3 n[1][3]=4 n[1][4]=5
n[2][0]=2 n[2][1]=3 n[2][2]=4 n[2][3]=5 n[2][4]=6
```

2 次元配列の初期化を行っているのは、6 ～ 10 行目です。ここで、3 行 5 列の 2 次元配列を宣言するとともに、以下のように初期値を設定しています。

• 2次元配列の初期化

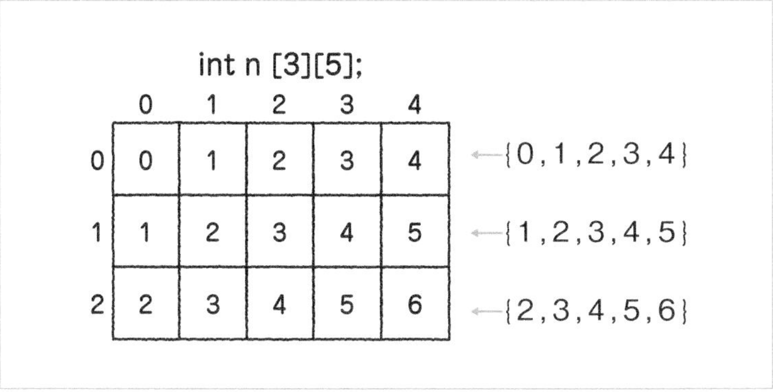

int n [3][5];

	0	1	2	3	4	
0	0	1	2	3	4	←{0,1,2,3,4}
1	1	2	3	4	5	←{1,2,3,4,5}
2	2	3	4	5	6	←{2,3,4,5,6}

なお、1次元の配列の場合と違い、行か列のいずれかは、必ず添え字を入れる必要があります。

・2次元配列の名前の宣言

```
int n[3][5]; ○   ← 行の大きさも列の大きさも記述されている。
int n[][5];  ○   ← 列の大きさのみが記述されている。
int n[3][];  ×   ← 行の大きさのみが記述されている。
int n[][];   ×   ← 行の大きさも列の大きさも記述されていない。
```

2-2 文字列と配列

- char 型の配列で文字列を扱う方法について学習する
- 文字コードについて理解する

配列変数は、基本的にどのような型の変数でも利用可能です。しかし、中でも特殊なのが char 型の配列です。**C 言語では、文字列を char 型の配列変数として扱います。**

ここでは、文字列の基本を紹介します。以下のサンプルを入力・実行してみてください。

Sample315/main.c

```
01 #include <stdio.h>
02 
03 //  文字列の扱い
04 int main(int argc, char** argv) {
05     char s1[4] = { 'a','b','c','¥0' };//  文字列"abc"
06     char s2[] = "HelloWorld";         //  文字列"HelloWorld"
07     char s3[10];                      //  最大10文字まで入る文字列
08     //  文字列の入力
09     printf("文字列を入力してください。:");
10     scanf("%s", s3); //  文字列の入力
11     printf("s1 = %s¥n", s1);
12     printf("s2 = %s¥n", s2);
```

```
13     printf("s3 = %s¥n", s3);
14     return 0;
15 }
```


このプログラムを実行すると、「文字列を入力してください。:」と表示されます。ここで何か文字列を入力し Enter キーを押しましょう。その結果次のように表示されます。

● 実行結果

```
文字列を入力してください。:Taro   ← 文字列を入力
s1 = abc
s2 = HelloWorld
s3 = Taro   ← 入力した文字列が表示される
```

◎ ASCII（アスキー）コード

char 型は文字を表すために使われる型です。例えば、

```
char a = 'A';
```

とすると、変数 a は、アルファベット文字の「A」を表す変数となります。 記号「'」は**シングルクオーテーション**といい、**文字を表すために使う記号**です。

実際コンピュータは数値しか扱うことができないので、char 型は -128 ～ 127 の範囲の整数が入る型にすぎません。そのため変数 a には、「A」という文字を表す**文字コード**と呼ばれる数値が入っています。

C 言語の char 型は基本的に、**ASCII（アスキー）コード**と呼ばれる文字コードが入ることを前提としています。ASCII コードとは、アルファベットや数字、記号などを収録した文字コードの 1 つで、最も基本的な文字コードとして世界的に普及しています。7 ビットの整数（0 ～ 127）で表現され、アルファベット（大文字・小文字）、数字、記号、空白文字、制御文字など 128 文字を収録しています。

◎ 文字列とNULL文字

char 型の配列変数の要素には、それぞれ文字コードが入っています。そして、文字列の最後にあたる要素には必ず **¥0** が入っています。この文字を **NULL（ヌル）文字**もしくは**ヌル終端文字**といいます。値としては整数値の 0 に等しいのですが、文

字として使用する場合、特にこう呼びます。

NULLは、「何もない」ということを意味する言葉で、ここ以外でもしばしば使われますので、覚えておきましょう。そのため、配列変数に文字列を作る場合は、最低限、文字数+1の長さが必要になります。また**配列の途中に¥0があれば、そこで文字列は終了**になります。文字列s1は全部で「abc」3文字のアルファベットからなる文字列です。

● **文字列s1の定義方法**

```
char s1[4] = { 'a','b','c','¥0' };
```

この場合、必要となる配列の長さは4となり、最初の3つにa、b、cというアルファベットの文字コードが入り、最後に¥0が入ります。

● **文字列「abc」が入った配列**

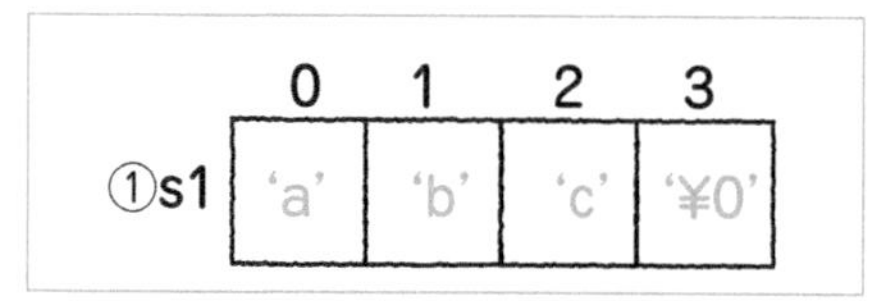

このような記述法は効率的ではないので、通常s2のような記述法がとられます。

● **文字列s2の定義方法**

```
char s2[] = "HelloWorld";
```

これにより、配列s2の中身は次のようになります。

● **文字列「HelloWorld」が入った配列**

	0	1	2	3	4	5	6	7	8	9	10
②s2	'H'	'e'	'l'	'l'	'o'	'W'	'o'	'r'	'l'	'd'	'¥0'

「HelloWorld」という文字列は全部で10文字ですが、これもs1の場合と同様、文字列の終端を表す¥0が最後に必要なので、長さ11のchar型の配列が必要となりま

す。しかし、文字列を定義するときに、いちいち配列の長さを定義するのは面倒です。

そんな場合でも、s2 のような [ ] 内の数値を省略した定義ができるので、文字列の長さをわざわざカウントしなくても配列を作ることができます。

もともとある配列に文字列をコピーする場合

このプログラムでは scanf 関数を使って配列 s3 に文字列の入力を促しています。s3 の大きさは 10 で、9 文字入りますが、入力される文字の長さが 9 文字とは限りません。そのため「Taro」と入力した場合 s3 は次のようになります。

● 長さ10のchar型の配列に文字列が入った場合

	0	1	2	3	4	5	6	7	8	9
③s3	'T'	'a'	'r'	'o'	'¥0'					

「Taro」は配列の長さと比べて短い文字列です。そのような場合でも**終端を表す ¥0 があると、文字列はそこまでとみなされ、printf 関数で文字列を表示した場合もここで表示が終了**します。

ただし、**¥0 を含む文字列の長さが char 型の配列の長さを超えてはいけません**。C 言語で文字列を扱う際には、このような点に気を付けましょう。

文字列配列のscanf関数

10 行目の処理は、キーボードから入力した文字列を配列 s3 にコピーします。

```
scanf("%s",s3); //  文字列の入力
```

scanf 関数で整数値を入力するときには、" で囲まれた部分に、%d と書きましたが、**文字列の場合は %s** となります。また変数も、整数値の場合は &s3 と書きましたが、**文字列の場合、変数名の前に & は必要ありません**。理由は後述します。

文字コード

ここまで文字列について説明してきましたが、関係の深い話なので C 言語と文字コードの関係性について説明したいと思います。C 言語が開発されたころは、現在の

ように日本語などの言語を扱うようになることは想定されていませんでした。そのため、C 言語の文字列は ASCII コードを扱える char 型の配列で十分でした。

● ASCIIコード表

文字	10進数	16進数	文字	10進数	16進数	文字	10進数	16進数	文字	10進数	16進数	文字	10進数	16進数	文字	10進数	16進数	文字	10進数	16進数	文字	10進数	16進数
NUL	0	0	DLE	16	10	SP	32	20	0	48	30	@	64	40	P	80	50	`	96	60	p	112	70
SOH	1	1	DC1	17	11	!	33	21	1	49	31	A	65	41	Q	81	51	a	97	61	q	113	71
STX	2	2	DC2	18	12	"	34	22	2	50	32	B	66	42	R	82	52	b	98	62	r	114	72
ETX	3	3	DC3	19	13	#	35	23	3	51	33	C	67	43	S	83	53	c	99	63	s	115	73
EOT	4	4	DC4	20	14	$	36	24	4	52	34	D	68	44	T	84	54	d	100	64	t	116	74
ENQ	5	5	NAK	21	15	%	37	25	5	53	35	E	69	45	U	85	55	e	101	65	u	117	75
ACK	6	6	SYN	22	16	&	38	26	6	54	36	F	70	46	V	86	56	f	102	66	v	118	76
BEL	7	7	ETB	23	17	'	39	27	7	55	37	G	71	47	W	87	57	g	103	67	w	119	77
BS	8	8	CAN	24	18	(	40	28	8	56	38	H	72	48	X	88	58	h	104	68	x	120	78
HT	9	9	EM	25	19	)	41	29	9	57	39	I	73	49	Y	89	59	i	105	69	y	121	79
LF*	10	0a	SUB	26	1a	*	42	2a	:	58	3a	J	74	4a	Z	90	5a	j	106	6a	z	122	7a
VT	11	0b	ESC	27	1b	+	43	2b	;	59	3b	K	75	4b	[	91	5b	k	107	6b	{	123	7b
FF*	12	0c	FS	28	1c	,	44	2c	<	60	3c	L	76	4c	¥	92	5c	l	108	6c	|	124	7c
CR	13	0d	GS	29	1d	-	45	2d	=	61	3d	M	77	4d	]	93	5d	m	109	6d	}	125	7d
SO	14	0e	RS	30	1e	.	46	2e	>	62	3e	N	78	4e	^	94	5e	n	110	6e	~	126	7e
SI	15	0f	US	31	1f	/	47	2f	?	63	3f	O	79	4f	_	95	5f	o	111	6f	DEL	127	7f

● ASCII制御コードの由来

10進数	16進数	コード	フルスペル	意味・用法
0	00	NUL	Null	空文字
1	01	SOH	Start Of Heading	ヘッダ開始
2	02	STX	Start Of Text	テキスト開始
3	03	ETX	End Of Text	テキスト終了
4	04	EOT	End Of Transmission	伝送終了
5	05	ENQ	Enquiry	問い合わせ
6	06	ACK	Acknowledgement	肯定応答
7	07	BEL	Bell	警告音を鳴らす
8	08	BS	Back Space	1文字後退
9	09	HT	Horizontal Tabulation	水平タブ
10	0a	LF / NL	Line Feed / New Line	改行
11	0b	VT	Vertical Tabulation	垂直タブ
12	0c	FF / NP	Form Feed / New Page	改ページ
13	0d	CR	Carriage Return	行頭復帰

10進数	16進数	コード	フルスペル	意味・用法
14	0e	SO	Shift Out	シフトアウト（多バイト文字終了）
15	0f	SI	Shift In	シフトイン（多バイト文字開始）
16	10	DLE	Data Link Escape	データリンク拡張（バイナリ通信開始）
17	11	DC1	Device Control 1	装置制御1
18	12	DC2	Device Control 2	装置制御2
19	13	DC3	Device Control 3	装置制御3
20	14	DC4	Device Control 4	装置制御4
21	15	NAK	Negative Acknowledgement	否定応答
22	16	SYN	Synchronous idle	同期
23	17	ETB	End of Transmission Block	伝送ブロック終了
24	18	CAN	Cancel	取り消し
25	19	EM	End of Medium	記録媒体終端
26	1a	SUB / EOF	Substitute / End Of File	文字置換 / ファイル終端
27	1b	ESC	Escape	エスケープ（特殊文字開始）
28	1c	FS	File Separator	ファイル区切り
29	1d	GS	Group Separator	グループ区切り
30	1e	RS	Record Separator	レコード区切り
31	1f	US	Unit Separator	ユニット区切り
32	20	SPC	Space	空白文字
127	7f	DEL	Delete	1文字削除

さまざまな文字コード

コンピュータが低価格化して普及していくと、日本語を含めたさまざまな国の言語に対応する必要に迫られました。そこで、日本語環境においては、ほかの文字コードを使います。ASCIIコードと互換性を持ちつつ、より多くの文字を表現できるような文字コードが使われます。これはASCIIコードで表現できる文字に関しては、ASCIIコードとまったく同じ数値で表現するようにルール付けされた文字コードです。このような文字コードとして、Shift_JISや、UTF-8といった文字コードがあります。通常、OSがWindowsでVisual Studio 2019を使う場合は、Shift_JISが使われます。そのためここで紹介するサンプルの日本語コードはShift_JISです。

・ASCIIコード以外の主な文字コード

名前	詳細
EUC	Extended Unix Codeの略で、拡張UNIXコードとも呼ばれており、UNIX上で漢字、中国語、韓国語などを扱うことができるマルチバイトコード
Shift_JIS	JIS規格として標準化された日本語を含むさまざまな文字を収録した文字コードの1つ。Windowsの標準日本語文字コードとして採用されている
UTF-8	Unicode/UCSで定義された文字集合を表現することができる文字コード（符号化方式）の1つ。1文字を1〜6バイトの可変長で表現し、さまざまな言語の文字を扱える文字コードとしては世界的に最も普及している

例題 3-6 ★☆☆

以下の配列 a を、指示にしたがって表示するプログラムを作りなさい。

- **配列**

```
int a[] = { 2, -4, 9 , 5 , 10 , 7 , -2};
```

① for 文で配列 a をすべて表示する。

② for 文で配列 a の偶数のみをすべて表示する。

③ for 文で配列 a の正の数のみをすべて表示する。

- **期待される実行結果**

```
2 -4 9 5 10 7 -2
2 -4 10 -2
2 9 5 10 7
```

解答例と解説

配列の長さは 7 個なので、for 文で 7 回のループを使って値を表示します。最初のループではすべての値を表示し、2 回目、3 回目は条件に合う値かどうかを if 文で確認し、条件に合致したもののみを表示します。

Example306/main.c

```
#include <stdio.h>

int main(int argc, char** argv) {
    // 配列の定義
    int a[] = { 2, -4, 9 , 5 , 10 , 7 , -2 };
    int i;
    // 配列の成分をすべて表示
    for (i = 0; i < 7; i++) {
        printf("%d ", a[i]);
    }
    printf("¥n");
```

```
12        //  偶数の成分をすべて表示
13        for (i = 0; i < 7; i++) {
14            //  a[i]を2で割ったあまりが0であれば偶数と判断
15            if (a[i] % 2 == 0) {
16                printf("%d ", a[i]);
17            }
18        }
19        printf("¥n");
20        //  正の成分をすべて表示
21        for (i = 0; i < 7; i++) {
22            if (a[i] > 0) {
23                printf("%d ", a[i]);
24            }
25        }
26        printf("¥n");
27        return 0;
28    }
```

例題 3-7 ★☆☆

intの2次元配列を利用し、九九の表を作成し、結果を以下のように表示するプログラムを作りなさい。

● 期待される実行結果

```
1x1= 1  1x2= 2  1x3= 3  1x4= 4  1x5= 5  1x6= 6  1x7= 7  1x8= 8  1x9= 9
2x1= 2  2x2= 4  2x3= 6  2x4= 8  2x5=10  2x6=12  2x7=14  2x8=16  2x9=18
3x1= 3  3x2= 6  3x3= 9  3x4=12  3x5=15  3x6=18  3x7=21  3x8=24  3x9=27
4x1= 4  4x2= 8  4x3=12  4x4=16  4x5=20  4x6=24  4x7=28  4x8=32  4x9=36
5x1= 5  5x2=10  5x3=15  5x4=20  5x5=25  5x6=30  5x7=35  5x8=40  5x9=45
6x1= 6  6x2=12  6x3=18  6x4=24  6x5=30  6x6=36  6x7=42  6x8=48  6x9=54
7x1= 7  7x2=14  7x3=21  7x4=28  7x5=35  7x6=42  7x7=49  7x8=56  7x9=63
8x1= 8  8x2=16  8x3=24  8x4=32  8x5=40  8x6=48  8x7=56  8x8=64  8x9=72
9x1= 9  9x2=18  9x3=27  9x4=36  9x5=45  9x6=54  9x7=63  9x8=72  9x9=81
```

解答例と解説

解答となるプログラムは、以下のとおりになります。

Example307/main.c

```
01 #include <stdio.h>
02 
03 int main(int argc, char** argv) {
04     //  二次元は配列の定義
05     int a[9][9];
06     int i, j;
07     //  九九の表を作る
08     for (i = 1; i <= 9; i++) {
09         for (j = 1; j <= 9; j++) {
10             //  添え字にするためには、i,jの値を1ずつ引く
11             a[i - 1][j - 1] = i * j;
12         }
13     }
14     //  九九の表を表示する
15     for (i = 1; i <= 9; i++) {
16         for (j = 1; j <= 9; j++) {
17             //  添え字にするためには、i,jの値を1ずつ引く
18             printf("%dx%d=%2d  ", i, j, a[i - 1][j - 1]);
19         }
20         //  1行表示するごとに改行
21         printf("¥n");
22     }
23     return 0;
24 }
```

前半の 8 ～ 13 行目で、2 次元配列 a に、九九の答えを代入します。i、j の 2 重ループで i*j の値をこの変数に代入していますが、配列変数の添え字は、0 からスタートするため、添え字は i、j からそれぞれ 1 を引いた値になっています。

次に、15 ～ 22 行目の 2 重ループで九九の表を表示していますが、この際、答えの表示の部分が「%d」ではなく、「%2d」となっています。

これは、**桁ぞろえ**をするためのもので、d の前に数値を書くことにより、その数の分だけ表示スペースを確保して、右揃えで桁をそろえて値を表示することができます。

例えば、

```
printf("%5d¥n", 100);
```

とすると、5桁の右揃えで値が表示されるため、100の先頭に半角スペースが2つ表示され、

```
  100
```

と出力されます。同様に、

```
printf("%05d¥n", 100);
```

とすると、半角スペースの代わりに0が表示されるため、出力結果は

```
00100
```

となります。便利な方法なので、覚えておきましょう。

3 練習問題

▶ 正解は 327 ページ

問題 3-1 ★☆☆

while 文を使って、「Hello C!」と 6 回表示するプログラムを作りなさい。

• **期待される実行結果**

```
Hello C!
Hello C!
Hello C!
Hello C!
Hello C!
Hello C!
```

問題 3-2 ★★☆

キーボードから 2 つの整数値を入力させ、入力させた小さいほうの数から大きいほうの数まで、for 文を使って 1 ずつ値を表示するプログラムを作りなさい。

• **期待される実行結果**

```
数値を入力:5    ← 整数値を入力
数値を入力:2    ← 整数値を入力
2 3 4 5         ← 小さいほうの数から大きいほうの数まで 1 ずつ値を増やしていく
```

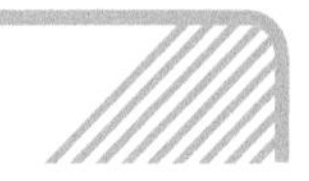

問題 3-3 ★★☆

for 文の 2 重ループを使って、以下の図形を描画しなさい。

● 期待される実行結果

```
□■□■□■□■
■□■□■□■□
□■□■□■□■
■□■□■□■□
□■□■□■□■
```

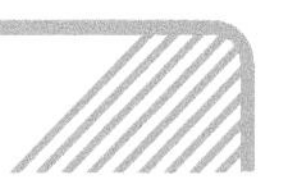

問題 3-4 ★★☆

次の int 型の配列を用意する。

```
int a[] = { 3, 2, 9, 8, 5, 6, 5, 4, 1 };
```

この配列の成分をすべて表示し、最後にそれらの値の合計値、平均値、最大値、最小値を求めなさい。

● 期待される実行結果

```
3 2 9 8 5 6 5 4 1
合計値:43 平均値:4.777778 最大値:9 最小値:1
```

4日目

関数

1. 関数
2. ソースコード分割
3. ライブラリを利用する
4. 練習

1 関数

- 関数の詳細について学習する
- オリジナルの関数の作り方を学習する
- さまざまなパターンの関数を利用する

1-1 関数を作る

- 関数の詳細の仕組みを理解する
- さまざまなタイプの関数を自作する
- 関数の処理の詳細を理解する

関数とは何か

本格的なプログラムを作成してくると、必ず遭遇する問題があります。それは、同じような処理を何度も繰り返して記述する必要があることです。

例えば、プログラムの中で台形の面積を計算する処理があったとします。1回くらいであれば、公式に当てはめて、そのまま計算式を書けばよいですが、何度も同じ処理を記述するのはなかなか大変なものです。それが複雑な処理ならなおさらです。

そのため、こういう処理には何らかの名前を付け、**必要になるたびに、その処理を呼び出す**ことができれば楽です。このような仕組みを**関数（かんすう）**と呼びます。

・関数のイメージ

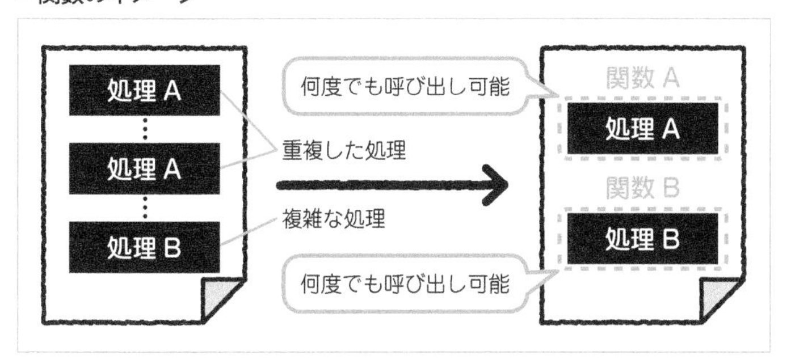

私たちはすでにprintf関数や、scanf関数などの関数を使ってきましたが、これ以外にもC言語では使用できる関数は数多く存在するうえに、ユーザーが新しく関数を作ることもできます。

そこで、ここでは関数を作る方法を紹介し、同時によく利用される関数も紹介していくことにします。

関数を自作する

関数の作り方について詳しく説明する前に、以下のプログラムを入力・実行してみてください。

Sample401/main.c

```
01 #include <stdio.h>
02 
03 int main(int argc, char** argv) {
04     double d1, d2, d3;
05     double a = 1.2, b = 3.4, c = 2.7;
06     // 同じ計算が3回
07     d1 = (a + b) / 2.0;
08     d2 = (4.1 + 5.7) / 2.0;
09     d3 = (c + 2.8) / 2.0;
10     printf("d1 = %f,d2 = %f,d3 = %f¥n", d1, d2, d3);
11     return 0;
12 }
```

・実行結果

```
d1 = 2.300000,d2 = 4.900000,d3 = 2.750000
```

このプログラムは、2つの数の平均をとって表示するものです。d1、d2、d3にはそれぞれ数値の平均値を代入しています。7～9行目には同じ処理が複数存在します。このように同じような処理を何度も記述するのは手間がかかります。

そこで、関数の出番です。平均値を求める処理を、それとわかる名前の関数に置き換えて変更したのが以下のプログラムです。

Sample402/main.c

```
01 #include <stdio.h>
02 
03 //  平均値を求める関数の定義
04 double avg(double m, double n) {
05     //  引数m,nの平均値を求め、rに代入する
06     double r = (m + n) / 2.0;
07     return r;
08 }
09 
10 int main(int argc, char** argv) {
11     double d1, d2, d3;
12     double a = 1.2, b = 3.4, c = 2.7;
13     //  同じ計算が3回(関数を呼び出して計算)
14     d1 = avg(a, b);
15     d2 = avg(4.1, 5.7);
16     d3 = avg(c, 2.8);
17     printf("d1 = %f,d2 = %f,d3 = %f¥n", d1, d2, d3);
18     return 0;
19 }
```

実行結果は、Sample401と一緒です。ただ、main関数の中を見てみるとわかると思いますが、さきほどの平均値の計算処理を行っている箇所がすべてavgという文字列に入れ替わっています。このavgが関数であり、メイン関数の手前の4～8行目で定義されています。

関数の仕組み

では一体、この関数はどのような仕組みになっているのでしょうか？　関数の仕組みを説明するためにまずは関数の書式を見てみましょう。

● 関数の書式

```
戻り値の型 関数名(引数の型 引数1,引数の型 引数2,･･･,引数の型 引数n) {
      処理
      return 戻り値;  ← 省略されることもある
}
```

基本的に関数には、好きな名前を付けることができます。Sample402 の場合、avg という名前を付けています。**関数の名付けのルールは変数の場合と同じ**です。そのため予約語を使うことはできないので注意しましょう。

引数と戻り値

関数という名前が示すとおり、その使用方法は数学の関数と似ています。数学における関数とは、何らかの入力に対して出力を行うというものですが、この考え方は基本的に C 言語でも同じで、入力する値に対し、何らかの処理を行って値を出力することが求められます。

入力する値を**引数（ひきすう）**といいます。引数は複数定義することが可能であり、その場合は、間を「,」で区切ります。avg 関数の場合は 2 つの実数値（変数 m と n）が引数に該当します。なお、引数は必要がなければ省略することも可能です。

これに対し、関数で得られる結果を**戻り値（もどりち）**といいます。avg 関数の場合、引数の平均が、この戻り値に該当します。

● 関数の引数と戻り値

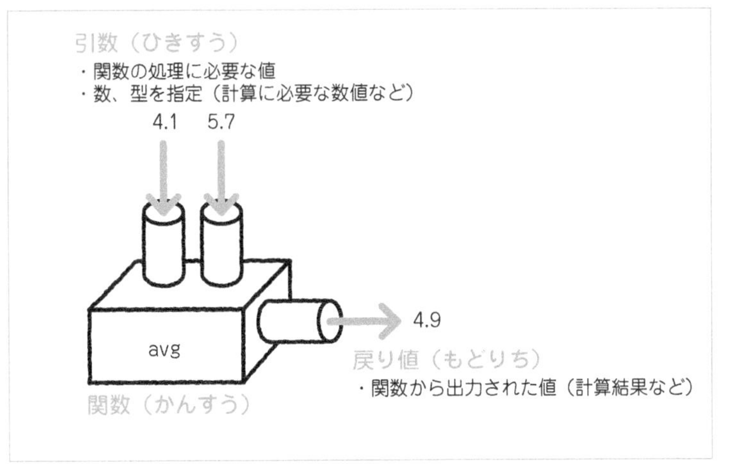

関数の処理の流れ

ここまでの説明でなんとなく関数のイメージがつかめたでしょうか。次は、関数の流れをプログラムの処理に即して説明していき、より理解を深めていくことにしましょう。

① プログラムの開始

プログラムは10行目のmain関数の中から実行されます。**main関数は関数の一種であり、C言語のプログラムは必ずここから始まるという特殊な関数**なのです。そのため、main関数はプログラムのどこにあっても必ずそこから処理が実行されます。

② 関数の呼び出し

14行目にたどり着くと、avg関数が呼び出されます。ここでは、「a = 1.2、b = 3.4」と代入されている変数a、bを引数として与えます。

ここから処理はavg関数内に移行していきます。このとき、avg関数の引数mは1.2に、nは3.4になります。

● 関数の呼び出し処理

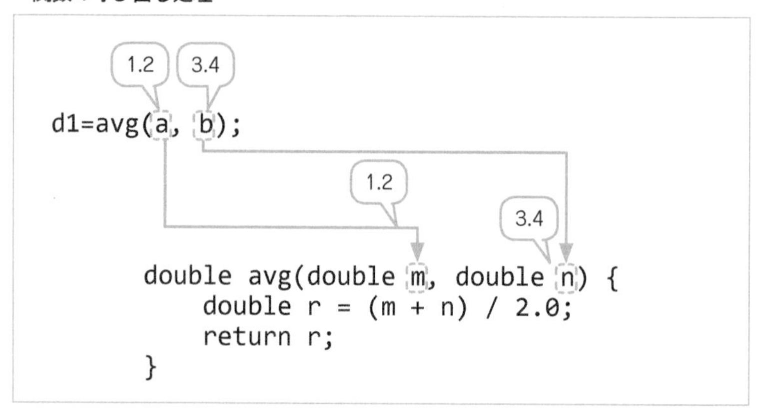

③ 関数内処理

関数内では6行目で引数mと引数nを足して2.0で割り、その値を変数rに代入しています。引数mには1.2、引数nは3.4なので、変数rは2.3になります。

・関数内での処理

```
d1 = avg(a, b);

        double avg(double m,double n){
            double r = (m + n) / 2.0;
            return r;
        }
```

1.2

3.4

2.3(=1.2+3.4)/2.0

④ 戻り値の処理

変数 r の値が 7 行目の「return r;」の処理で戻り値として返されます。これで avg 関数は終了し、処理は再び main 関数に戻ります。avg 関数が終了した結果として得られた戻り値「2.3」は、変数 d1 に代入されます。

・関数の終了と戻り値の処理

```
d1 = avg(a,b);

        double avg(double m,double n){
            double r = (m + n) / 2.0;
            return r;
        }
```

2.3

以降のプログラムは、関数へ渡す引数の値が違うだけで、まったく同じ処理が繰り返されます。変数 d2、d3 にそれぞれ戻り値が代入され、最後に表示されてプログラムが終了します。

プロトタイプ宣言

Sample402 は C 言語で関数を作った場合の最も基本的なサンプルです。実際の C 言語のプログラムは、数多くの関数を定義しなくてはなりません。もしもこのまま関数を増やしていくと、プログラムを記述するのが面倒になってしまいます。

しかし、このようなときは関数の**プロトタイプ宣言**を利用すると、プログラムがすっきりします。プロトタイプ宣言とは何かを説明する前に、実際に次のソースコードを入力・実行してみてください。

Sample403/main.c

```
01 #include <stdio.h>
02 //  関数avgのプロトタイプ宣言
03 double avg(double, double);
04
05 int main(int argc, char** argv) {
06     double d1, d2, d3;
07     double a = 1.2, b = 3.4, c = 2.7;
08     //  同じ計算が3回(関数を呼び出して計算)
09     d1 = avg(a, b);
10     d2 = avg(4.1, 5.7);
11     d3 = avg(c, 2.8);
12     printf("d1 = %f,d2 = %f,d3 = %f¥n", d1, d2, d3);
13     return 0;
14 }
15
16 //  平均値を求める関数
17 double avg(double m, double n) {
18     //  引数m,nの平均値を求め、rに代入する
19     double r = (m + n) / 2.0;
20     return r;
21 }
```

処理内容はSample402と同じですが、違いは関数の定義が後ろに移ったことと、3行目にプロトタイプ宣言が追加されたことです。プロトタイプ宣言は、**あとに呼び出す関数の型をあらかじめ予告しておく**もので、書式は次のとおりです。

- **プロトタイプ宣言の書式**

```
戻り値の型 関数の名前(引数の型,引数の型,......);
```

このプログラムでは、double型の2つの引数をとり、戻り値としてdouble型の値を返す関数avgが定義されているので、プロトタイプ宣言は次のようになります。

- **関数avgのプロトタイプ宣言**

```
double avg(double,double);
```

プロトタイプ宣言は、関数の定義から、関数の処理そのものと、引数となる変数の名前をなくし、最後に「;」を付けたものです。

◉ プロトタイプ宣言が必要な理由

ここまでの内容を学習し、「何のためにこんなことをするのかわからない」と思われた方もいるかもしれません。関数のプロトタイプ宣言が必要な理由はいくつかありますが、最も大きな理由は、関数を相互に呼び出しやすくするためです。実用的なプログラムを開発すると、多数の関数を用意することになります。また、それらの関数は同じプログラムの中にある別の関数を呼び出すことがあります。

あるプログラムの中で定義されている func1 関数の中で、func2 という関数を呼び出していたと仮定します。その際、もしもプロトタイプ宣言を使わないとすると、func2 は func1 の前で宣言しなくてはなりません。なぜなら C 言語のコンパイラは通常、ソースコードを頭から解釈し、マシン語に翻訳するからです。そのため、もしも順序が逆の場合、コンパイラは func1 の中で見つけた func2 という名前の意味がわからずエラーを発生させます。

• プロトタイプ宣言を使わなかった場合

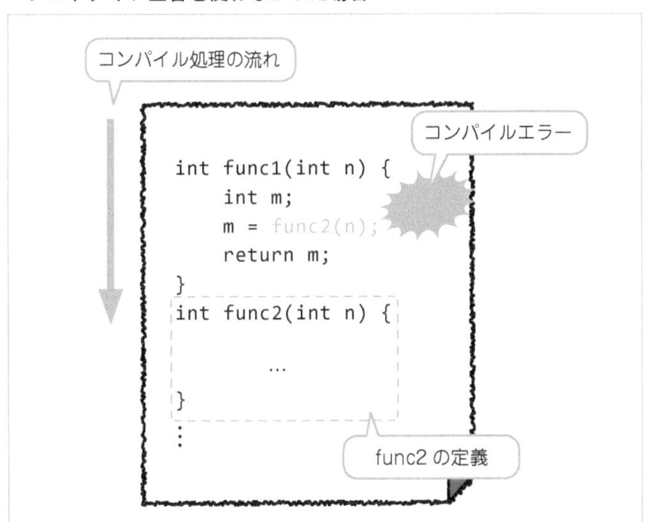

しかし、ソースコードの冒頭でプロトタイプ宣言をしておけば、あらかじめ使用する関数の型がわかっているので、このようなエラーは発生しません。

● プロトタイプ宣言を使った場合

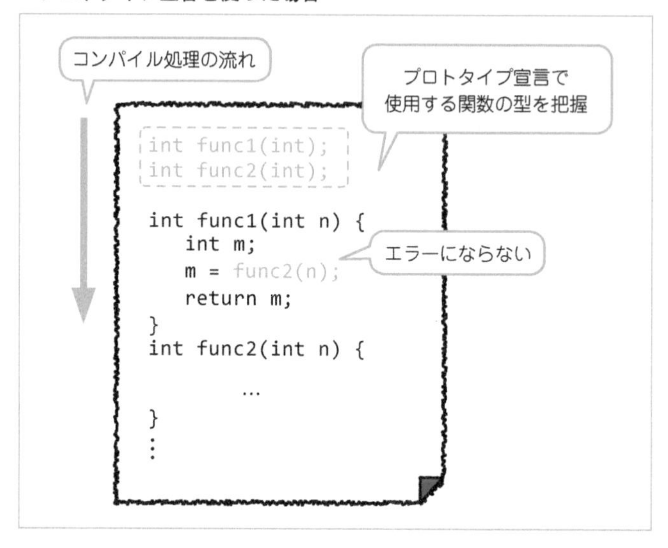

そういうこともあり、ソースコードの冒頭で関数のプロトタイプ宣言を記述し、あらかじめどのような関数が必要かをコンパイラに教えておけば、定義の順序などを気にせずに関数を利用することができるのです。

参考

プロトタイプには「余計な装備を省いて、最低限必要なものだけを備えた型の製品」という意味があり、プロトタイプ宣言とは関数の最低限の仕様を定義するものです。

1-2 さまざまな関数

- さまざまな種類の関数に触れる
- 引数、戻り値のない関数のケースについて学習する
- 変数の有効範囲（スコープ）について学習する

さまざまな関数の例

関数の基本について、ある程度わかってきたところで、実際にさまざまな関数に触れてみることにしましょう。

次のプログラムを入力・実行してみてください。

Sample404/main.c

```
01 #include <stdio.h>
02 
03 //  プロトタイプ宣言
04 int max_num(int, int);
05 void show(int);
06 void line();
07 
08 int main(int argc, char** argv) {
09     int n1 = 4, n2 = 5;
10     line();
11     show(n1);
12     show(n2);
13     printf("2つの数のうち、大きい数は、%dです。¥n", max_num(n1, n2));
14     line();
15     return 0;
16 }
17 
18 //  2つの整数のうち最大値を求める関数
19 int max_num(int a, int b) {
20     if (a > b) {
21         return a;
22     }
23     return b;
24 }
25 //  数値を表示する関数
26 void show(int n) {
27     printf("数値:%d¥n", n);
28     return;
29 }
30 //  線を引く関数
31 void line() {
32     printf("*********¥n");
33 }
```

・実行結果

```
*********
数値:4
数値:5
2つの数のうち、大きい数は、5です。
*********
```

このプログラムは、main関数以外にmax_num、show、lineの3つの関数からなっています。それぞれの関数について解説していきましょう。

途中で関数の処理を終える場合

最初にmax_num関数の解説をします。この関数は、引数として与えた2つ整数の引数a、bのうち、大きいものを返します。関数内では、if文でa>bかどうかを確認し、もしそうなら「return a;」を、そうでなければ「return b;」を実行します。このようにreturnは、関数の最後ばかりではなく、途中で処理から抜ける場合にも使うことができます。

・max_num関数の処理の流れ

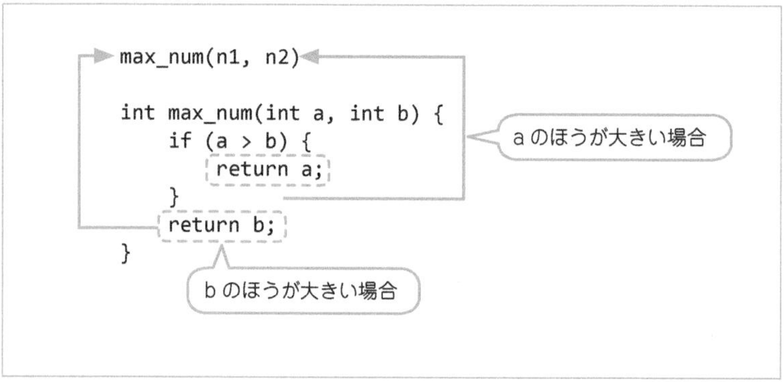

```
max_num(n1, n2)

int max_num(int a, int b) {
    if (a > b) {
        return a;
    }
    return b;
}
```

aのほうが大きい場合

bのほうが大きい場合

引数や戻り値を持たない関数

show関数とline関数の戻り値の部分に書かれているvoid（ボイド）とは、関数の戻り値がないということを意味しています。

show関数は、引数nを表示する関数で、何らかの処理結果を返したり、戻り値を返したりする必要がありません。そのため、戻り値がないことを表すvoidを戻り値の部分に記述し、処理の終了部分はreturnのみを記述しています。

・戻り値がない関数

```
void show(int n) {
    printf(" 数値：%d¥n", n);
    return;
}
```

戻り値がない

次に line 関数ですが、( ) 内に何も書かれていないことからもわかるとおり、引数のない関数です。このような場合、以下のように、( ) の間に void を記述しますが、省略も可能です。

・引数のない関数のほかの記述例

```
void line(void);
```

また、**戻り値がない関数は、最後の return 文を省略できます**。line 関数では実際に省略されています。

・return文の省略

```
void line() {

    printf("*********¥n");
}
```

return が省略されている

このように戻り値のない関数は、最後の return 文を省略するケースが多いのですが、何らかの理由で途中で処理を抜ける場合などは、return 文を使う必要があります。

グローバル変数とローカル変数

関数の説明の最後に、関数ごとの変数の**有効範囲（スコープ）**について説明しましょう。まずは以下のプログラムを入力・実行してみてください。

Sample405/main.c

```
01 #include <stdio.h>
02 
03 //  グローバル変数
04 int global = 10;
05 
06 //  プロトタイプ宣言
07 void func1(double, int);
08 void func2();
09 
10 int main(int argc, char** argv) {
11     double a = 123.41;
12     int b = 100;
13     printf("main処理中¥n");
14     printf("global=%d¥n", global);
15     printf("a=%f b=%d¥n", a, b);
16     printf("*****************¥n");
17     //  func1を呼び出し
18     func1(3.1, 4);
19     //  func2を呼び出し
20     func2();
21     return 0;
22 }
23 
24 void func1(double a, int b) {
25     printf("func1処理中¥n");
26     printf("global=%d¥n", global);
27     printf("a=%f b=%d¥n", a, b);
28     printf("*****************¥n");
29 }
30 
31 void func2() {
32     double a = -4.1;
33     int b = 2;
34     printf("func2処理中¥n");
35     printf("global=%d¥n", global);
36     printf("a=%f b=%d¥n", a, b);
37     printf("*****************¥n");
```

```
38 }
```

・実行結果

```
main処理中
global=10
a=123.410000 b=100
******************
func1処理中
global=10
a=3.100000 b=4
******************
func2処理中
global=10
a=-4.100000 b=2
******************
```

このプログラムでは、変数a、b、globalという3種類の変数が使われています。プログラムを見ると、変数a、bの値は、各関数で値が違いますが、変数globalは、すべて同じ値が出ています。

変数のスコープとグローバル変数・ローカル変数

a、bという変数は、mainおよび、func1、func2の各関数内で、それぞれ使用されています。このように、関数内で定義されている変数を、**ローカル変数**といいます。func1関数の引数a、bもローカル変数に該当します。

それに対して変数globalは、プログラムの先頭部分の、どこの関数にも属さない部分で定義されており、どこで呼び出しても同じものを指します。このような変数を、**グローバル変数**といいます。

グローバル変数は文字どおり、プログラム内のどこででも使用することができる変数です。したがって、main、func1、func2のいずれの関数から呼び出しても、どこでも同じ値が得られていることがわかります。

こういった、変数の有効範囲の違いは、定義されている場所に依存します。ローカル変数は、定義されている関数が違えば、同名のものを定義しても、それぞれ別のものとして扱われます。それに対してグローバル変数の場合は、プログラム全体でただ1つしかありません。したがって名前の重複は許されません。

● 関数と変数のスコープ

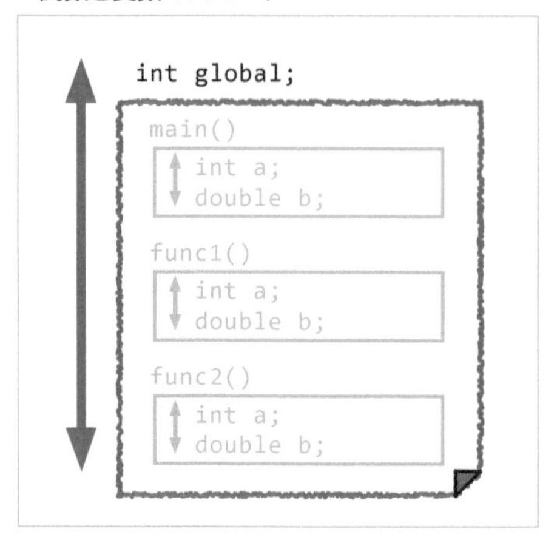

main 関数の戻り値

ここまでの説明から、main 関数もさまざまな関数の 1 つであり、引数と戻り値を持つことがわかるかと思います。しかし、main 関数の戻り値は一体何を意味するのでしょうか？

main 関数の中の return 文で返る値は、プログラムの実行が終わったときにプログラムが OS に返す値です。この値が 0 であればプログラムの処理が成功、0 以外であれば失敗であることを OS に知らせます。

これはもともと UNIX 系システムでの風習であり、それは現在も Windows、macOS、Linux など、主要な OS で受け継がれています。

なお、引数に関しては、後ほど学習するポインタおよび配列の知識が必要となるので、その際に詳しく説明します（255 ページ参照）。

例題 4-1 ★☆☆

3つの実数をキーボードから入力させ、それらの値の平均値を求め、表示させなさい。この際、平均値を求める関数として、avg3関数を作りなさい。この関数は、引数として3つの実数を取り、戻り値としてそれらの平均値を返すものとする。

- 期待される実行結果

```
1番目の数値を入力:1.0  ← キーボードから数値を入力
2番目の数値を入力:2.3  ← キーボードから数値を入力
3番目の数値を入力:5.4  ← キーボードから数値を入力
平均値:2.900000        ← 入力した3つの数値の平均値
```

解答例と解説

Example401が解答となるソースコードです。avg3関数は、4行目でプロトタイプ宣言を行い、18～20行目で定義を行っています。処理内容は与えられた3つの引数の平均値を返すだけの処理です。

main関数の中で与える3つの数値を入力させるのに、配列変数dを作っています。引数として、このループで入力した配列の要素d[0]、d[1]、d[2]を与えています。

数が3つと限定されているため、配列を使わなくてもこのような処理を記述できますが、配列を使うと、同じような処理を何度も記述する必要がないうえに、数が変わったときにプログラムを変更するのが楽になります。

Example401/main.c

```
01 #include <stdio.h>
02 
03 //  3つの平均値を求める関数avg3のプロトタイプ宣言
04 double avg3(double, double, double);
05 
06 int main(int argc, char** argv) {
07     int i;
08     double d[3], avg;
09     for (i = 0; i < 3; i++) {
10         printf("%d番目の数値を入力:", i + 1);
11         scanf("%lf", &d[i]);
12     }
13     avg = avg3(d[0], d[1], d[2]);
```

```
14      printf("平均値:%lf¥n", avg);
15      return 0;
16  }
17  //  関数avg3の定義
18  double avg3(double d1, double d2, double d3) {
19      return (d1 + d2 + d3) / 3.0;
20  }
```

例題 4-2 ★★★

キーボードから入力した整数以下に存在する素数をすべて表示するプログラムを作りなさい。素数とはその数自身と１しか約数がない自然数のことをいう。例えば７は１と７しか約数がないので素数であるが、４は１、２、４という３つの約数を持つので素数ではない。また、このプログラムの中には、以下の関数を作成して利用しなさい。

戻り値の型	関数名	引数	処理内容
int	num_divisors	int	引数の約数がいくつあるのかを戻り値として返す。例えば、引数として6を与えた場合、1、2、3、6が約数なので、戻り値が4となる
void	show_primes	int	num_divisors関数を使って与えられた引数までの素数をすべて表示する。数が多い場合は10ごとで改行させる。入力した数が1以下の場合には「不適切な値です」と表示して終了する

- **期待される実行結果①（自然数を入力した場合）**

```
自然数を入力:100  ← キーボードから整数値を入力
1から100までの間の素数
2 3 5 7 11 13 17 19 23 29
31 37 41 43 47 53 59 61 67 71
73 79 83 89 97
```

- **期待される実行結果②（1以下の整数が入力された場合）**

```
自然数を入力:1
不適切な値です
```

解答例と解説

num_divisors 関数は、for を使って、1 から引数 n までの間に n の約数が何個あるかを変数 count でカウントし、戻り値として返します。

show_primes 関数では、num_divisors 関数の戻り値が 2 であれば素数とみなして、その値を表示します。ただし、引数が 1 以下であれば、不適切な値とみなして処理を途中で終了しています。

素数を表示する際、数値を 10 個表示するごとに改行する処理を実現しています。

Example402/main.c

```
01 #include <stdio.h>
02 
03 //  1から引数として与えられた引数までの間にあるその数の約数の数
04 int num_divisors(int);
05 //  1～nまでの素数を表示(数が多い場合には10ごとに改行)
06 void show_primes(int);
07 
08 int main(int argc, char** argv) {
09     int num;
10     printf("自然数を入力:");
11     scanf("%d", &num);
12     show_primes(num);
13     return 0;
14 }
15 
16 int num_divisors(int n) {
17     int i, count = 0;
18     //  1からnまでの間にnの約数がいくつあるかを数える
19     for (i = 1; i <= n; i++) {
20         if (n % i == 0) {
21             count++;
22         }
23     }
24     return count;
25 }
26 
27 void show_primes(int n) {
28     int i = 2, j = 0;
29     //  1以下の数であれば不適切なので関数の処理を終える
30     if (n <= 1) {
31         printf("不適切な値です¥n");
32         return;
```

```
33      }
34      printf("1から%dまでの間の素数¥n", n);
35      //  1～nまでの間の素数を表示する
36      while (i <= n) {
37          // 約数が1およびiのみの場合num_divisors関数の戻り値は2となる
38          if (num_divisors(i) == 2) {
39              printf("%d ", i);
40              j++;
41              //  値を10表示するごとに改行
42              if (j == 10) {
43                  printf("¥n");
44                  j = 0;
45              }
46          }
47          i++;
48      }
49  }
```

2 ソースコード分割

- 長いソースコードを複数のファイルに分ける
- ヘッダーファイル・ソースファイルを使い分ける
- C 言語のコンパイラの仕組みを知る

2-1 最も基本的なソースコードの分割

- 規模の大きなプログラムをソースコード分割する方法を学ぶ
- ヘッダーファイル、ソースファイルの意味を理解する
- Visual Studio 2019 で複数のファイルを扱う方法を学習する

ソースコード分割とは

ここまで紹介してきたプログラムは、どれも 1 つの「.c」ファイルに記述されていました。しかし、実際に利用される実用的なプログラムは、より大規模になり、1 つのファイルには収まりません。実際、ソフトウェア開発の現場には多くのプログラマーが協力してプログラムを作っていることがほとんどです。

そういった場合、必要になってくるのが**ソースコード分割**です。C 言語に限らず、実用的なソフトウェアは、ソースコードを複数のファイルに分割しています。分割の仕方は、そのプログラムの機能などによってさまざまです。

ヘッダーファイルとソースファイル

すでに述べたとおり、C 言語には、拡張子が「.h」であるヘッダーファイルと、拡張子が「.c」であるソースファイルがあります。通常、大きなプログラムは、多数の関数から成り立っています。そのため、規模に応じてソースコードを分割することになりますが、通常、ソースコードが複数のファイルに分割されれば、ほかのファイルにある関数を呼び出せなくなります。

そこで、ヘッダーファイル内に、ソースファイルで記述されているファイルのプロトタイプ宣言を記述しておきます。プロトタイプ宣言が記述されたヘッダーファイルを読み込むことで、ほかのソースファイルに記述されている関数を利用できるようになります。**ヘッダーファイルは、プロトタイプ宣言が記述されているファイル**のことなのです。

ソースコード分割の方法

では、実際にソースコード分割を試してみましょう。まずは、152 ページで説明した Sample403 を使ってみましょう。

Sample403/main.c（再掲）

```
01 #include <stdio.h>
02 //  関数avgのプロトタイプ宣言
03 double avg(double,double);
04 
05 int main(int argc, char** argv) {
06    double d1,d2,d3;
07    double a = 1.2,b = 3.4,c = 2.7;
08    //  同じ計算が3回(関数を呼び出して計算)
09    d1 = avg(a,b);
10    d2 = avg(4.1,5.7);
11    d3 = avg(c,2.8);
12    printf("d1 = %f,d2 = %f,d3 = %f¥n",d1,d2,d3);
13    return 0;
14 }
15 
16 //  平均値を求める関数
17 double avg(double m,double n){
18     //  引数m,nの平均値を求め、rに代入する
19     double r = (m + n) / 2.0;
20     return r;
21 }
```

このプログラムは、main、avg の 2 つの関数から成り立ちます。このうち avg 関数を main.c から分割すると、次のようになります。

Sample406①/calc.h

```
01 #ifndef _CALC_H_
02 #define _CALC_H_
03 
04 //  関数avgのプロトタイプ宣言
05 double avg(double, double);
06 
07 #endif //  _CALC_H_
```

Sample406②/calc.c

```
01 #include "calc.h"
02 
03 //  平均値を求める関数
04 double avg(double m, double n) {
05     //  引数m,nの平均値を求め、rに代入する
06     double r = (m + n) / 2.0;
07     return r;
08 }
```

Sample406③/main.c

```
01 #include <stdio.h>
02 #include "calc.h"
03 
04 int main(int argc, char** argv) {
05     double d1, d2, d3;
06     double a = 1.2, b = 3.4, c = 2.7;
07     //  同じ計算が3回(関数を呼び出して計算)
08     d1 = avg(a, b);
09     d2 = avg(4.1, 5.7);
10     d3 = avg(c, 2.8);
11     printf("d1 = %f,d2 = %f,d3 = %f¥n", d1, d2, d3);
12     return 0;
13 }
```

プログラムの入力方法は、従来のソースファイルが「main.c」だけのものとは少し違いますので、次にその方法について説明します。

Visual Studio 2019を使って複数のファイルを編集する

まずはVisual Studio 2019を起動し、従来どおりの方法でプロジェクトSample406を作成します。まずは、「calc.h」を作成します。

ヘッダーファイルを追加するには、ソリューションエクスプローラの[ヘッダーファイル] を右クリックし、その次に [追加] - [新しい項目] を選択します。

● ヘッダーファイルの追加

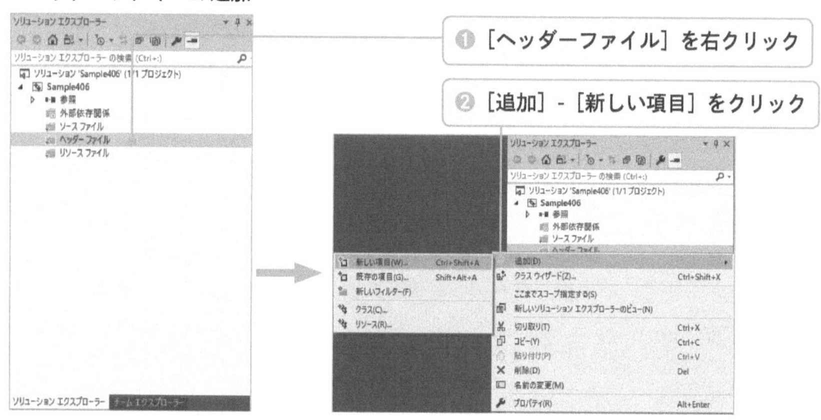

すると、「新しい項目の追加」ダイアログが現れます。ここで、ファイルの種類の一覧の中から、[ヘッダーファイル] を選び、名前に「calc.h」と入力し、最後に [追加] をクリックします。

● calc.hの追加

すると、「ヘッダーファイル」に「calc.h」が追加され、エディタが編集可能な状態になります。

● calc.hが追加された状態

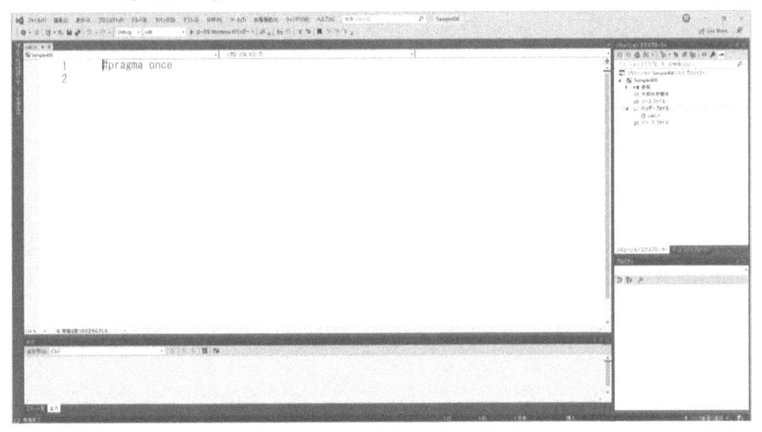

開いた状態になっている「calc.h」には、あらかじめ「#pragma once」と記述されていると思いますが、これは消去して calc.h の内容を入力してください。

● calc.hを入力した状態

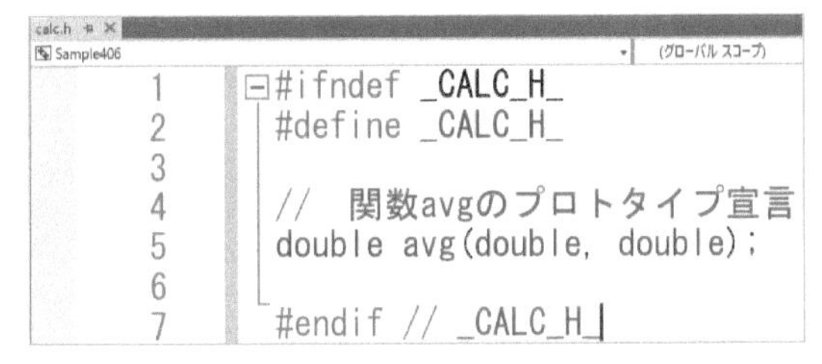

calc.h の入力が終わったらファイルを保存し、引き続きソースファイル calc.c および main.c を入力します。

ソリューションエクスプローラで「ソースファイル」に「calc.c」および「main.c」を追加します。追加方法は従来の「main.c」の場合と同様です。

● calc.c、main.cの追加

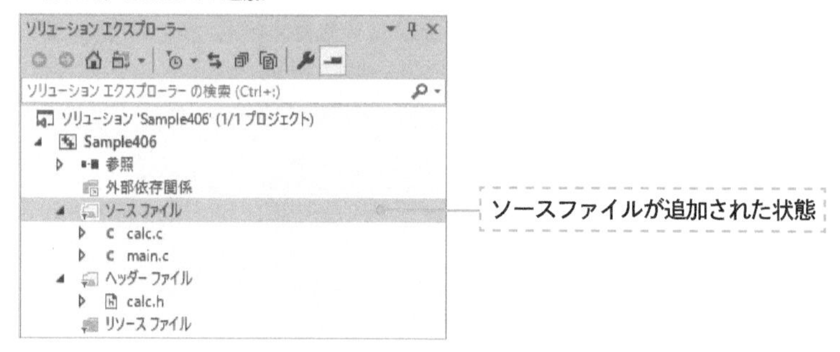

編集するファイルが複数ある場合は、ファイル名の付いたタブをクリックすることにより切り替えることができます。

● calc.c、main.cが追加された状態

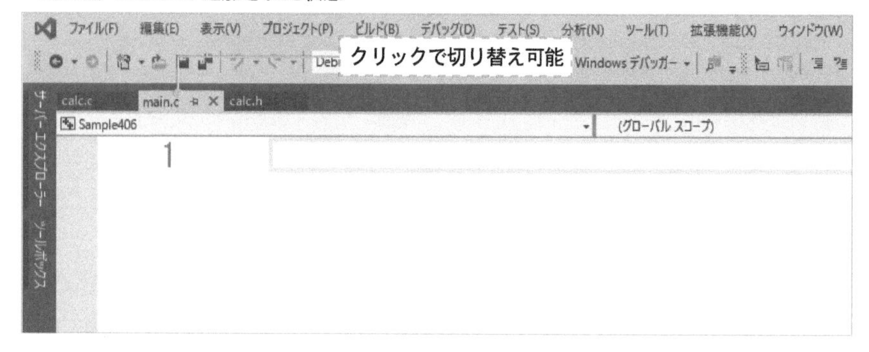

タブの横の［×］をクリックするとファイルを閉じることができますが、再び開く場合は、ソリューションエクスプローラで該当するファイルをクリックしてください。

これで準備は完了です。従来どおり SDL チェックを無効化してプログラムを入力して実行してください。実行して Sample403 と同じ結果が得られれば成功です。

ソースコード分割の仕組み

では、Sample406 を使って、ソースコード分割の基本について説明してみましょう。C 言語のソースコード分割において最も重要なポイントは、ヘッダーファイルの**2 重インクルードの防止**を行うことです。

2重インクルードの防止

まずヘッダーファイルのcalc.hを見てみましょう。一般に、ヘッダーファイルの書式は以下のようになります。

基本的なヘッダーファイルの書式

```
#ifndef _(大文字で記述したファイル名)_H_
#define _(大文字で記述したファイル名)_H_

プロトタイプ宣言;
プロトタイプ宣言;
    :


#endif //  _(大文字で記述したファイル名)_H_
```

まず、#ifndefと#endifの役割ですが、この2つに挟まれた領域は、#defineによって指定されたキーワードがすでに読み込まれて定義されている場合、重複して読み込まないようにします。

このサンプルの場合、1回目の#includeでは「#define _CALC_H_」が実行されていないので、#ifndefと#endifの間に記載された処理が読み込まれます。つまり「#define _CALC_H_」が実行されます。

2回目の#includeでは、すでに「#define_CALC_H_」が実行・定義されているので、この部分の処理は読み込まれません。

2重インクルード防止の処理のイメージ

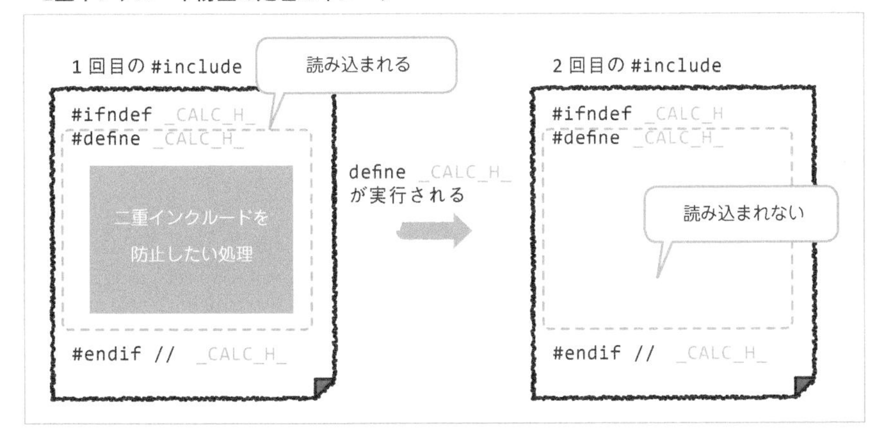

通常ヘッダーファイルは、複数のファイルで参照（インクルード）されます。このサンプルでも、calc.c、main.c でインクルードされます。そのため、もしヘッダーファイルにプロトタイプ宣言のみが記述されていたら、2 回目のインクルードで、この間に定義されているプロトタイプ宣言が 2 回行われることになり、コンパイルエラーになります。

そのため、2 重インクルードの防止を行い、エラーが出るのを防いでいます。

このとき、#define にヘッダーファイルの名前に由来したキーワードを使います。例えば、calc.h ならば _CALC_H_ とするわけです。

● ヘッダーファイルとソースファイルの関係

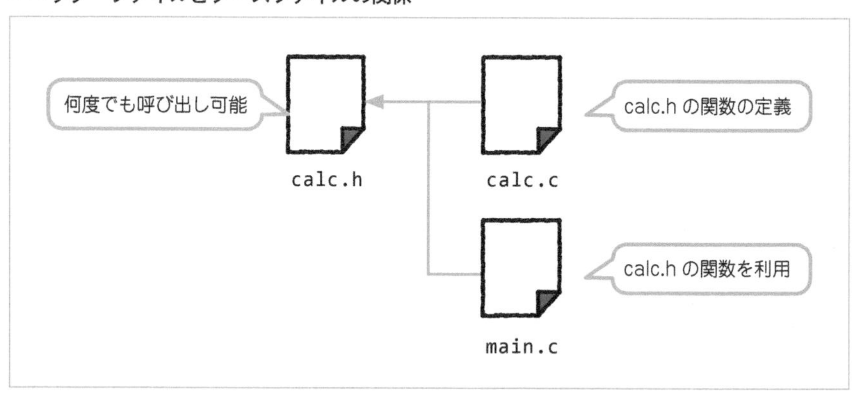

◎ ヘッダーファイルのインクルード

プロトタイプ宣言は、ソースファイルで定義する関数のプロトタイプ宣言です。ここでは、関数が 1 つですが、使用する関数の数だけ定義することが可能です。

main.c と calc.c でヘッダーファイルをインクルードするとき、以下のような書式になります。

● #includeの使い分け

```
#include "ヘッダーファイル名"
```

ここでは、calc.h というヘッダーファイルを作ったので、「#include "calc.h"」と記述します。この例のように、自分で作成した関数のヘッダーファイルを読み込むには、ファイル名を " " で囲みます。

これに対して、stdio.h のように、あらかじめ用意されているライブラリは、ヘッダーファイル名を < > で囲みます。後述しますが、stdio.h は、必要な関数の定義があらかじめまとめれられている、**標準ライブラリ（ひょうじゅんらいぶらり）**の 1 つです。

● ヘッダーファイルとソースファイルの関係

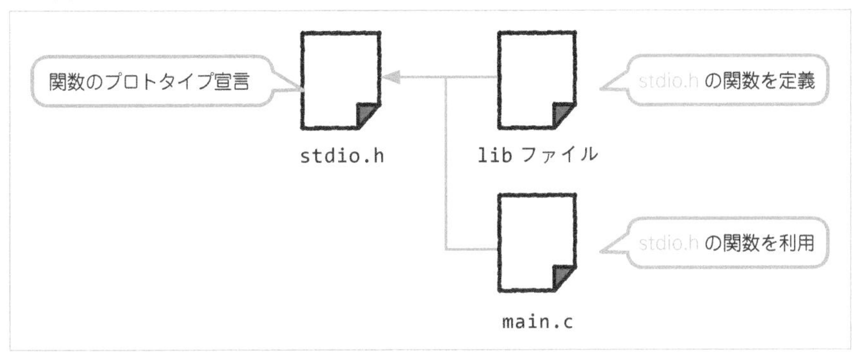

なお、標準ライブラリとは別に、プログラマー自身でライブラリを作ることもできます。そのようなライブラリを読み込む場合でも < > を使います。

2-2 複数のヘッダーファイルへの分割

- 複数のヘッダーファイルを持つソースコード分割を学ぶ
- 複数のソースでグローバル変数を共有する方法を学ぶ

グローバル変数を持つソースコード

ソースコード分割の基本について説明したところで、次に分割するソースコードを少し複雑にし、互いに依存関係のある複数のヘッダーファイルに分割する場合を考えてみましょう。まずは、以下のサンプルを見てください。

Sample407/main.c

```
01 #include <stdio.h>
02 //  計算の答え(グローバル変数)
```

```
03 int ans = 0;
04 
05 void add(int, int);
06 void sub(int, int);
07 void showAnswer();
08 
09 int main(int argc, char** argv) {
10     int a = 2, b = 3;
11     printf("%d + %d = ", a, b);
12     add(a, b);
13     showAnswer();
14     printf("%d - %d = ", a, b);
15     sub(a, b);
16     showAnswer();
17     return 0;
18 }
19 
20 void add(int a, int b) {
21     ans = a + b;
22 }
23 
24 void sub(int a, int b) {
25     ans = a - b;
26 }
27 
28 void showAnswer() {
29     printf("%d¥n", ans);
30 }
```

● 実行結果

```
2 + 3 = 5
2 - 3 = -1
```

このプログラムは単純な加算・減算を行うプログラムです。関数としては、以下のようなものがあります。

● Sample407の関数

関数名	引数	戻り値	処理内容
add	整数×2	なし	引数の和をグローバル変数ansに代入
sub	整数×2	なし	引数の差をグローバル変数ansに代入
showAnswer	なし	なし	グローバル変数ansを表示

少し変わっているところといえば、その結果が、ans というグローバル変数に入っているところでしょう。add 関数と sub 関数は、引数の和、および差をグローバル変数 ans に代入し、その結果は showAnswer 関数で表示されます。

ここから、このソースコードを複数のファイルに分割してみます。その際、機能に応じて、計算部分を行う calc.h と calc.c、結果表示部分の showResult.h と showResult.c という 4 ファイルにそれぞれ分割してみることにします。

複数のヘッダーファイル・ソースファイルへの分割

Sample407 を実際にソースコード分割したものは、以下のようになります。

Sample408/main.c

```
01 #include <stdio.h>
02 #include "calc.h"
03 #include "showResult.h"
04
05 int main(int argc, char** argv) {
06     int a = 2, b = 3;
07     printf("%d + %d = ", a, b);
08     add(a, b);
09     showAnswer();
10     printf("%d - %d = ", a, b);
11     sub(a, b);
12     showAnswer();
13     return 0;
14 }
```

Sample408/calc.h

```
01 #ifndef _CALC_H_
02 #define _CALC_H_
03
04 void add(int, int);
05 void sub(int, int);
06
07 #endif //  _CALC_H_
```

Sample408/showResult.h

```
01 #ifndef _SHOW_RESULT_H_
02 #define _SHOW_RESULT_H_
```

```
03
04 void showAnswer();
05
06 #endif //  _SHOW_RESULT_H_
```

Sample408/calc.c

```
01 #include "calc.h"
02
03 int ans = 0;
04
05 void add(int a, int b) {
06     ans = a + b;
07 }
08
09 void sub(int a, int b) {
10     ans = a - b;
11 }
```

Sample408/showResult.c

```
01 #include "showResult.h"
02 #include <stdio.h>
03
04 extern int ans;
05
06 void showAnswer() {
07     printf("%d¥n", ans);
08 }
```

ヘッダーファイルが、calc.h、showResult.hの2つに分かれ、それぞれのヘッダーファイルに対応する関数定義が、calc.c、並びにshowResult.cに記述されているのがわかると思います。

ただ、問題はグローバル変数ansの対応方法です。グローバル変数はプログラム全体で利用できますが、この例のように、プログラムが複数に分割された場合、宣言されているファイル以外の場所では、グローバル変数は使えなくなってしまいます。

◎ extern修飾子

変数ansは、calc.c、showResult.cの両方で使用しますが、定義はどちらか1箇所にしかできません。このようなときに利用するのが**extern（エクスターン）修飾子**です。

- extern修飾子の使用例

```
extern int ans;
```

externは、英語で「外に」を意味を持つ言葉です。この例では、グローバル変数の宣言「int ans;」という処理が、ほかのファイルにあることを意味します。実際、calc.cに、「int ans;」があることがわかります。

「extern int ans;」という記述で、calc.cの「int ans;」を使うことを宣言します。つまり、cac.cの中のaddおよびsub関数で使われているansと、showResult関数の中で使われているansは、同じものを指し、異なるソースファイルの中で、共通のグローバル変数を利用しているということになるのです。

- extern修飾子の使い方

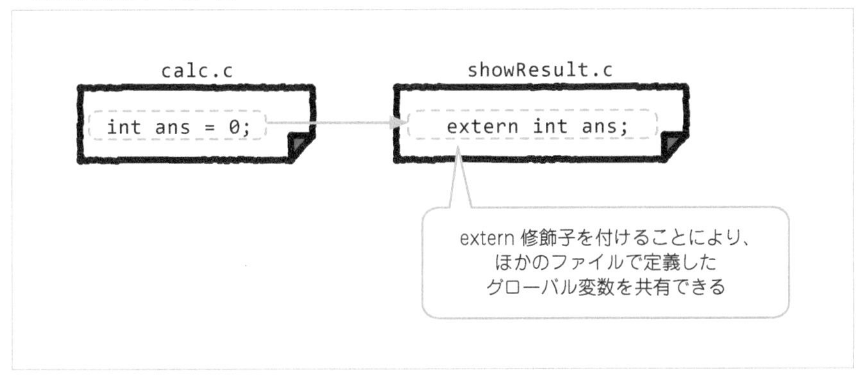

ここで取り上げたソースコード分割は、あくまで初歩的なものです。より高度なソースコード分割については、7日目を参考にしてください。

C コンパイラの仕組み

最後に、複数に分割されたヘッダーファイル・ソースファイルが、どのようにしてマシン語に変換されているのかを理解するため、C 言語のコンパイラの仕組みをより詳しく説明しましょう。

● Cコンパイラの仕組み

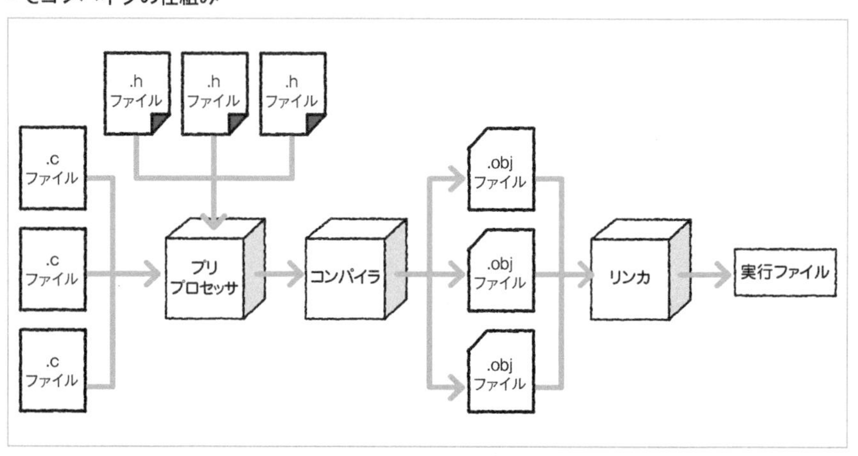

C 言語のソースコードは、コンパイラによって、マシン語に変換されます。変換されたマシン語は、実行ファイルと呼ばれるファイルに記録されます。

◎ コンパイラの3つのプロセス

C コンパイラがソースコードを最終的に実行ファイルに変換する処理には以下の 3 つのプロセスがあります。

- **プリプロセッサ**

ソースコードに一定の規則にしたがって処理を加えます。#include や、#define といったような、マクロと呼ばれる処理をするのがこの段階です。いわばコンパイルの前処理といったところです。

- **コンパイラ**

プリプロセッサで処理されたコードを機械語に翻訳します。ただ、ここで作られるのは**obj（オブジェ）ファイル**もしくは、**オブジェクトコード**と呼ばれる機械語に変換されたコードの断片の集まりです。

- **リンカ**

　複数のオブジェクトファイルを１つにまとめて、実行ファイルを作ります。ただ、C言語の標準ライブラリなどのlib（ライブラリ）ファイルは、ここで追加され・統合されて、最終的な実行ファイルになります。

実行ファイルとビルド

　Windowsの場合、実行ファイルには、「.exe」という拡張子が付いています。このファイルを、「エグゼファイル」などと呼んだりします。以上がCコンパイラの仕組みです。

　このように、プリプロセッサからリンカまでの処理を**ビルド**と呼びます。Visual Studio 2019などの統合開発環境は、ソースコードの入力から、ビルド、さらには実行までを一手に引き受けてくれるソフトウェアです。

統合開発環境がないと、コンパイルやビルドを手動で行う必要があるためビルドを行うのは大変な手間がかかります。

3 ライブラリを利用する

- 標準ライブラリを利用する
- さまざまなライブラリの関数の利用方法を学習する

3-1 さまざまなライブラリを利用する

- 乱数関連のライブラリを利用する
- 数学ライブラリを利用する
- ライブラリの主要な関数の使い方を学習する

C 言語でよく使うライブラリの活用

標準ライブラリ（ひょうじゅんライブラリ）とは、C 言語があらかじめ用意した入出力や文字列操作など基本的なプログラムの集まりです。stdio.h も標準ライブラリの 1 つで、インクルードすることにより、入出力をおこなう printf 関数や scanf 関数が使えるようになります。C 言語では、ほかにもさまざまな標準ライブラリが存在します。ここではサンプルプログラムをとおして、それらの使い方について学んでみましょう。

乱数関連の関数

最初に**乱数（らんすう）**を使う方法を紹介します。乱数とは、でたらめな数のことです。ゲームなどでサイコロを振ったり、カードをシャッフルするなどといった処理を行うには、乱数の利用が欠かせません。

以下に簡単な乱数のサンプルを紹介します。入力して実行してみてください。

Sample409/main.c
```
01 #include <stdio.h>
02 #include <stdlib.h>
03 #include <time.h>
04 
05 int main(int argc, char** argv) {
06     int a, b;
07     //  乱数の初期化
08     srand((unsigned)time(NULL));
09     //  1から10までの乱数を発生させる
10     a = rand() % 10 + 1;
11     b = rand() % 10 + 1;
12     //  計算結果を出力
13     printf("%d + %d = %d¥n", a, b, a + b);
14     return 0;
15 }
```

● 実行結果（実行するたびに変化する）
```
5 + 3 = 8
```

このプログラムの特徴は、実行するたびに結果が変わることです。それは、10、11行目で変数a､bに値を代入する際に使用するrand関数に理由があります。まずは、このプログラムで使われている関数を紹介しましょう。

● 乱数に関する関数

関数	書式	意味	使用例
srand	srand(unsigned seed);	rand関数で発生させる乱数を初期化するために使う。利用することで、同じパターンの乱数が発生することを防ぐ	srand((unsigned) time(NULL));
rand	rand()	実行するたびに0からRAND_MAX（rand関数で返す値の最大値）の間の乱数を返す。初期化を行わないと、実行するたびに同じパターンの数値が出てしまうことがある	rand() % 10 + 1;

◎ time関数と乱数の種

これだけを見ると、srand関数を使用する意味がよくわからないと思います。実は、

C 言語で発生させる乱数は擬似的なもので、この処理を行わないと、何度も同じパターンの数値が発生してしまいます。

そこで rand 関数で乱数を作る際に使用する初期値を、srand 関数を利用して更新します。time 関数は、現在時刻を秒単位で返すので、初期値として毎回違う値をセットすることで、乱数が偏らないようにするために使います。

● time関数

関数	書式	意味	使用例
time	time_t time(time_t *timer);	1970年 1月 1日の00:00:00 から現在までの経過時間を秒単位で取得する	time(NULL);

time 関数の戻り値の型 time_t は整数の値で、rand 関数の引数の型である unsigned にキャストして srand の引数としています。なお、rand、srand 関数を利用するには stdlib.h、time 関数を利用するには time.h をインクルードする必要があります。

◎ 乱数の範囲を指定する

では、プログラムの中身を紹介していきましょう。まず、8 行目で乱数を初期化しています。次に、10、11 行目で乱数を発生させていますが、rand 関数は、通常 0 から RAND_MAX という非常に大きな値を発生させます。そのため、1 から 10 の乱数を発生させるには、まず %10 をします。 これは 10 で割った余りという意味なので、乱数は 0 から 9 の範囲に限定されますから、それに 1 を足せば、1 から 10 の値を得られます。

● 1から10までの乱数を発生させる原理

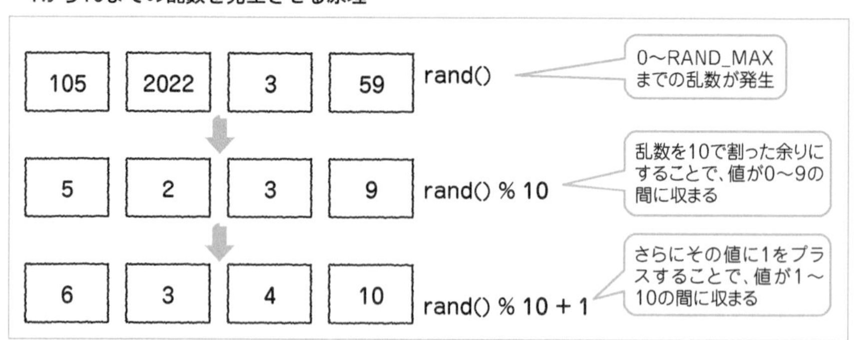

考え方としては少し難しいですが、次の方法を覚えておくと、非常に便利でしょう。

- 1からnまでの乱数を得る方法

```
rand() % n + 1
```

- 0からnまでの乱数を得る方法

```
rand() % (n + 1)
```


数学関数①

C言語の標準ライブラリには、多くの数学用の関数が用意されており、math.hをインクルードすることで利用できます。すべてを紹介することはできませんが、比較的に使用頻度が高いものをいくつか紹介していきましょう。まずは、三角関数を使ったサンプルを見てみましょう。

Sample410/main.c

```
01 #include <stdio.h>
02 #include <math.h>
03 
04 #define PI 3.14
05 
06 int main(int argc, char** argv) {
07     int angle;
08     double rad;
09     printf("角度を入力してください(0～360):");
10     scanf("%d", &angle);
11     //  角度をラジアンに変換
12     rad = PI * (double)angle / 180.0;
13     //  三角関数での計算
14     printf("sin(%d)=%f¥n", angle, sin(rad));
15     printf("cos(%d)=%f¥n", angle, cos(rad));
16     printf("tan(%d)=%f¥n", angle, tan(rad));
17     return 0;
18 }
```

- 実行結果

```
角度を入力してください(0～360):45  ← キーボードから角度を入力
sin(45)=0.706825
cos(45)=0.707388
tan(45)=0.999204
```

◎ 三角関数

sin、cos、tan は、サイン・コサイン・タンジェントを意味します。

● C言語で使われる三角関数

関数	書式	意味	使用例
tan	tan(double rad);	( )に指定したラジアンを入れるとタンジェントが得られる	double a = tan(2*3.14);
sin	sin(double rad);	( )に指定したラジアンを入れるとサインが得られる	double a = sin(2*3.14);
cos	cos(double rad);	( )に指定したラジアンを入れるとコサインが得られる	double a = cos(2*3.14);

引数として与えるのは、角度ではなく、ラジアンだという点に注意してください。角度を 0 度から 360 度までで測るやり方を、**度数法（どすうほう）**といい、ラジアンで角度を指定する方法を**弧度法（こどほう）**といいます。

◎ 定数の設定

角度をラジアンに変換するには、180 で割ってから、π を掛ける必要があります。その処理は、12 行目で行っていますが、円周率を表す PI が定義されているのは 4 行目です。#define マクロはすでにソースコード分割で扱いましたが、このように、定数を定義することにも使うことができます。

● #defineマクロによる定数の定義

```
#define PI 3.14
```

このようにすれば、PI という文字列を、このソースの中では、3.14 として扱うことができます。

数学関数②

続いて、ほかにもよく使う数学関数を見てみましょう。

Sample411/main.c

```
01 #include <stdio.h>
02 #include <stdlib.h>
03 #include <math.h>
```

```
04
05 int main(int argc, char** argv) {
06     int n = -2;
07     double d1 = -2.5, d2 = 4.0;
08     printf("%dの絶対値は%d¥n", n, abs(n));
09     printf("%fの絶対値は%f¥n", d1, fabs(d1));
10     printf("%fの2乗は%fです。¥n", d2, pow(d2, 2));
11     printf("%fの平方根は%fです。¥n", d2, sqrt(d2));
12     return 0;
13 }
```


● 実行結果

```
-2の絶対値は2
-2.500000の絶対値は2.500000
4.000000の2乗は16.000000です。
4.000000の平方根は2.000000です。
```

使用した関数の説明をしましょう。

● 主な数学関数

関数	書式	意味	使用例
abs	abs(int n);	与えられた整数の絶対値を求める	int n = abs(-10);
fabs	fabs(double d);	与えられた実数の絶対値を求める	double d = fabs(-3.1);
pow	pow(double x, double y);	xのy乗を求める	double d = pow(3.0,2.0);
sqrt	sqrt(double d);	与えらられた実数の平方根を求める	double d = sqrt(25.0);

絶対値を求める関数には、abs 関数と fabs 関数があります。状況に応じて使い分けましょう。

4 練習問題

正解は 331 ページ

問題 4-1 ★☆☆

キーボードから入力した 3 つの整数の合計を計算し、表示するプログラムを作りなさい。

このとき、計算には以下の関数を作って利用すること。

関数名	引数	戻り値
add3	int a、int b、int c	a、b、cの合計値

• **期待される実行結果**

```
a = 5  ← キーボードから整数値を入力
b = 3  ← キーボードから整数値を入力
c = 4  ← キーボードから整数値を入力
a + b + c = 12
```

問題 4-2 ★☆☆

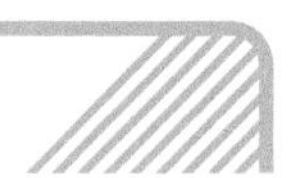

abs 関数と同じ処理を行う my_abs 関数を作り、この関数を利用して、キーボードから入力した整数値の絶対値を求めるプログラムを作りなさい。

関数名	引数	戻り値
my_abs	int a	aの絶対値

- 期待される実行結果

```
整数値を入力:-5 ← キーボードから整数値を入力
-5の絶対値は5です。
```

問題 4-3 ★★☆

乱数を使って 1 ～ 10 の乱数を 2 つ発生させ、その数の合計を当てる計算問題ゲームを作りなさい。入力された値が正しければ、「正解です」と表示しプログラムを終了するが、間違っている場合には、「間違いです」と表示して、正解が出るまで数値を入力させること。

なお、計算があっているかどうかを確かめるには、以下の関数を利用すること。

関数名	引数	戻り値
judge_add	int a、int b、int c	a+bがcに等しければ1、等しくなければ0を返す

- 期待される実行結果

```
問題:5 + 9
答えを入力:8 ← キーボードから整数値を入力
間違いです
答えを入力:20 ← キーボードから整数値を入力
間違いです
答えを入力:14 ← キーボードから整数値を入力
正解です
```

問題 4-4 ★☆☆

次のプログラムから main 以外の関数部分を取り除き、ソースコードを複数のファイルに分割しなさい。

なお、分割するファイルの概要は以下のとおりとする。

- ヘッダーファイル：triangle.h
- ソースファイル：triangle.c

Prob404/main.c

```
01 #include <stdio.h>
02 
03 void showStars(int);
04 void showTriangle(int);
05 
06 int main(int argc, char** argv) {
07     int num;
08     printf("正の整数を入力:");
09     scanf("%d", &num);
10     if (num > 0) {
11         showTriangle(num);
12     }
13     else {
14         printf("正の数を入力してください。¥n");
15     }
16     return 0;
17 }
18 
19 //  n個の★を表示
20 void showStars(int n) {
21     int i;
22     for (i = 0; i < n; i++) {
23         printf("★");
24     }
25     printf("¥n");
26 }
27 //  ★で三角形を作る
28 void showTriangle(int n) {
29     int i;
30     for (i = 1; i <= n; i++) {
31         showStars(i);
32     }
33 }
```

5日目

アドレスとポインタ

1 アドレスとポインタ

- 変数のアドレスとポインタについて学習する
- 配列とポインタの関係性を学習する
- 文字列の操作について学習する

1-1 変数のアドレスとポインタ

- 変数のアドレスについて学習する
- ポインタの概念について学習する
- ポインタを引数としてとる関数を学習する

変数のアドレス

5日目では、コンピュータのメモリの操作方法について説明します。C言語では最も難しい箇所ではありますが、逆にいえば、ここがしっかりわかっていれば、C言語はほとんど征服できたといっても過言ではありません。

手始めに、変数の**アドレス**について説明します。変数はコンピュータのメモリ中にあるため、その位置を表す数値であるアドレスが存在します。例えば、aという変数があるときに、&aとすることで、変数aのアドレスを取得することができます。これにより、変数の値がメモリ中のどこに存在するのかを知ることができます。

実際に変数のアドレスを取得するプログラムを作成してみましょう。以下のプログラムを入力し、実行してください。

Sample501/main.c

```
01 #include <stdio.h>
02
```

```
03 int main(int argc, char** argv) {
04     int a = 100;           //  int型の変数
05     double b = 123.4;      //  double型の変数
06     float c = 123.4f;      //  float型の変数(数値の後ろにfを付ける)
07     char d = 'a';          //  char型の変数
08     printf("aの値は%d、大きさは%dbyte、アドレスは0x%x¥n"
09         , a, sizeof(int), &a);
10     printf("bの値は%f、大きさは%dbyte、アドレスは0x%x¥n"
11         , b, sizeof(double), &b);
12     printf("cの値は%f、大きさは%dbyte、アドレスは0x%x¥n"
13         , c, sizeof(float), &c);
14     printf("dの値は%c、大きさは%dbyte、アドレスは0x%x¥n"
15         , d, sizeof(char), &d);
16     return 0;
17 }
```

● 実行結果（アドレス部分は実行する環境によって異なります）

```
aの値は100、大きさは4byte、アドレスは0xd7fc94
bの値は123.400000、大きさは8byte、アドレスは0xd7fc84
cの値は123.400002、大きさは4byte、アドレスは0xd7fc78
dの値はa、大きさは1byte、アドレスは0xd7fc6f
```

このプログラムを実行すると、定義した各変数の値、大きさ（バイト数）、アドレスが表示されます。

では、いったいなぜこのような結果が得られるのか、プログラムの詳細を解説していきましょう。

◎ sizeof演算子

このプログラムの中に出てくるsizeof（サイズオブ）演算子は、変数や型のメモリのサイズを取得する演算子です。( )の中に変数や型を入れれば、そのサイズをバイト単位で取得できます。

● sizeof演算子の使用方法

```
sizeof(int)      ← int 型のサイズを取得
sizeof(a)        ← 変数 a のサイズを取得
```

プログラムを実行すると、a、b、c、dの4つの変数がメモリ空間上で占めるメモリの大きさのバイト数と、そのアドレスを取得できます。 a、b、c、dは、それぞれ違う型の変数ですが、アドレスは整数として取得されます。printf関数の中で、%x

書式で表示しています。これは整数を 16 進数で表示されるものであるため、その結果が 16 進数として表示されます。

実行結果から、変数には固有のアドレスとサイズがあることがわかります。

• 関数のイメージ

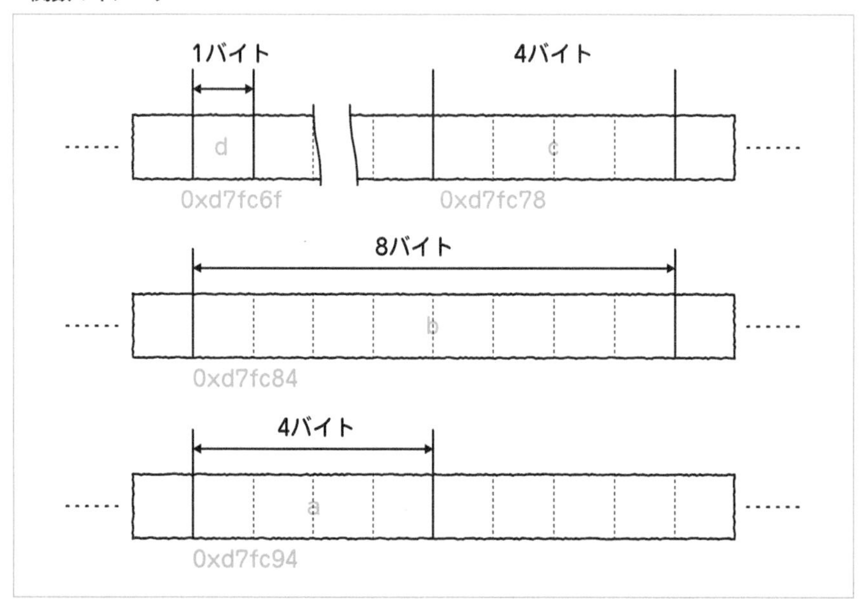

実行環境によって変数のアドレスは変わるので、実行結果の数値はこの値と一致しないと思われます。しかし、どの変数にもアドレスがあり、型に依存した固有のサイズがあるということは変わりません。

ポインタ

変数には値のほかに、その値を格納するアドレスがあることがわかりました。つまり、**変数には値とアドレスという 2 つの側面があります**。通常の変数は値を入れることを前提としています。

このほかに C 言語には、**アドレスを入れることを前提とした変数**が存在します。それを**ポインタ変数**もしくは、単に**ポインタ**といいます。では、そのポインタ変数を利用するにはどうしたらよいのでしょうか。ポインタ変数は、例えば次のように定義します。

◉ 整数型ポインタ変数pの定義（intの場合）

```
int *p;
```

もしくは

```
int* p;
```

このように、変数名の先頭か変数の型のあとに「*」を付けると、その変数がポインタ変数であることを示すことができます。

そもそも、ポインタ変数と普通の変数はどう違うのでしょうか。その違いをまとめておきましょう。

● 通常の変数とポインタ変数の比較（intの場合）

形態	通常の変数	ポインタ変数	解説
宣言	int a;	int* p;	ポインタ変数は、変数の先頭か型のあとに*を付ける
値	a	*p	ポインタ変数で値を示すには、先頭に*を付ける
アドレス	&a	p	ポインタ変数はアドレスを入れる

この表からわかるとおり、ポインタ変数は通常の変数と違い、ほかの変数のアドレス等を入れることを前提としています。

では、実際にこのポインタ変数はどのように利用すればよいのでしょうか？　簡単なサンプルを以下に示しますので、入力して実行してみてください。

Sample502/main.c

```
01 #include <stdio.h>
02 
03 void show(int, int, int);
04 
05 int main(int argc, char** argv) {
06     int a = 100;     //  整数型変数a
07     int b = 200;     //  整数型変数b
08     int* p = NULL;   //  整数型のポインタ変数p
09     p = &a; //  pにaのアドレスを代入
10     show(a, b, *p);
11     *p = 300;    //  *pに値を代入
```

```
12	    show(a, b, *p);
13	    p = &b; //  pにbのアドレスを代入
14	    show(a, b, *p);
15	    *p = 400;   //  *pに値を代入
16	    show(a, b, *p);
17	    return 0;
18	}
19	
20	void show(int n1, int n2, int n3) {
21	    printf("a = %d b = %d *p = %d¥n", n1, n2, n3);
22	}
```

● **実行結果**

```
a = 100 b = 200 *p = 100
a = 300 b = 200 *p = 300
a = 300 b = 200 *p = 200
a = 300 b = 400 *p = 400
```

このプログラムでは、a、b という整数型変数と、ポインタ変数 p を宣言しています。show 関数でそれらの値を表示していますが、変数 a、b の値を変更していないにもかかわらず、その値が変わっていることがわかります。

なぜこのようなことができるのでしょうか？　実はここがポインタ変数の大事な点なのです。

◎NULLによる初期化

では、このプログラムを解説していきましょう。まず、6、7 行目で整数型変数 a、b にそれぞれ 100、200 という値を代入して初期化しています。

続いて 8 行目でポインタ変数 p を宣言しています。このとき、同時に NULL を入れて初期化しています。NULL は、C 言語で標準的に使われる定数で、数値でいえば 0 を意味しますが、通常、ポインタ変数は NULL で初期化するという慣例になっていますので、覚えておきましょう。

● **ポインタ変数をNULLで初期化**

```
int* p = NULL;
```

重要

ポインタ変数は NULL で初期化する。

ポインタ変数に変数のアドレスを代入

このプログラムには、a、b、p という 3 つの int 型の変数が使われています。ただ、a、b が通常の値をとる変数であるのに対し、p はポインタ変数です。そのため、このプログラムの代入処理の流れをまとめると、以下のようになります。

● a、bとpの変化

番号	処理	処理内容	意味	a	b	*p
①	p = &a;	pにaのアドレスを代入	*pはaと同じものになる	100	200	100
②	*p= 300;	*pに300を代入	*pはaに等しいので、aが変わる	**300**	200	**300**
③	p = &b;	pにbのアドレスを代入	*pはbと同じものになる	300	200	200
④	*p= 400;	*pに400を代入	*pはbに等しいので、bが変わる	300	**400**	**400**

まず、①で、a のアドレスを取得することにより、p は、a として振る舞うことが可能になります。そのため、値である *p は、a と同じ値をとります。

次に、②で、*p に値を入れると、p は a のアドレスが入っていることから、その値は a に反映されます。

同様に、③で、p に b のアドレスを代入すると、今度は、p は b として振る舞うことが可能になります。値である *p は、今度は b と同じ値をとっています。

さらに、④で、*p に値を入れると、今度は b の値が変わります。これは②のときと同様で、*p が実際には b の値となるからです。

● ポインタ変数のイメージ

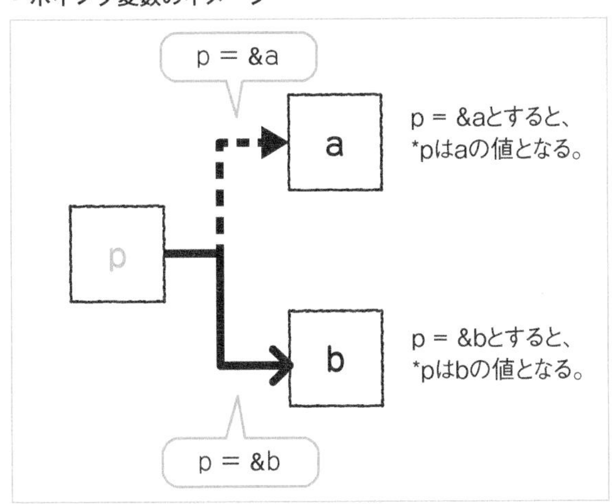

このように、ポインタ変数は、初期状態では値を持ちませんが、変数のアドレスを与えることで、その変数として振る舞うことができるのです。したがって、このサンプルのように、ポインタ変数pは変数a、bといったほかの変数として扱えるのです。これが変数a、bの値を直接変更することなく値を変更できた理由なのです。

ポインタ変数の注意点

なお、ポインタ変数にほかの変数のアドレスを設定するときは、同じ型のポインタ変数でするようにしましょう。

例えば、「int a」であれば「int* p」、「double d」であれば「double* p」といったように、対応する型を合わせるようにします。型が違っても、コンパイルエラーにはなりませんが、実行時に致命的なエラーになる可能性があるためです。

● 変数のアドレスを入れるポインタと、変数の型は一致させるようにする

変数	OK	NG
int a	int* p	char* p
double d	double* p	int* p

注意

ポインタ変数にアドレスを入れるには、同一の変数の型のものを入れる。

関数の引数としてのポインタ変数

前述のように、ポインタ変数には、ほかの変数になりきれるという非常に面白い特徴があります。これを利用して、以下のような処理を行うことができます。

Sample503/main.c

```
01 #include <stdio.h>
02 
03 //  変数の値入れ替えを行う関数
04 void swap(int*, int*);
05 
06 int main(int argc, char** argv) {
07     int a = 1, b = 2;
08     printf("a = %d b = %d¥n", a, b);
```

```
09      swap(&a, &b);
10      printf("a = %d b = %d¥n", a, b);
11      return 0;
12  }
13
14  //  値の入れ替え
15  void swap(int* num1, int* num2) {
16      int temp = *num1;
17      *num1 = *num2;
18      *num2 = temp;
19  }
```

● **実行結果**

```
a = 1 b = 2
a = 2 b = 1
```


◎ 値渡しとポインタ渡し

このプログラムはswap関数の引数にポインタを渡しています。このように、引数にポインタを渡すことを**ポインタ渡し**といいます。これに対し、従来のように値を引数として渡すことを**値渡し（あたいわたし）**といいます。

プログラムを実行すると、最初に整数型変数a、bがそれぞれ1、2という値で初期化されます。その次に、swap関数で変数a、bのアドレスを引数として呼び出すと、変数a、bの値が入れ替わっていることがわかります。

つまり、swap関数では、アドレスを与えられた2つのポインタ変数の値を入れ替えているのです。今までのように値だけを与えるタイプのような関数であれば、このような処理はできませんでしたが、引数にポインタを与えることにより、アドレスを与えた変数の値を変更することができます。

また通常、変数は1つの戻り値しか返すことができませんが、このように引数をポインタ変数として渡すことにより、実質的に複数の戻り値を持つ、もしくは引数を戻り値と同じように扱うことができる関数を作ることが可能なのです。

・swap関数で行われる処理

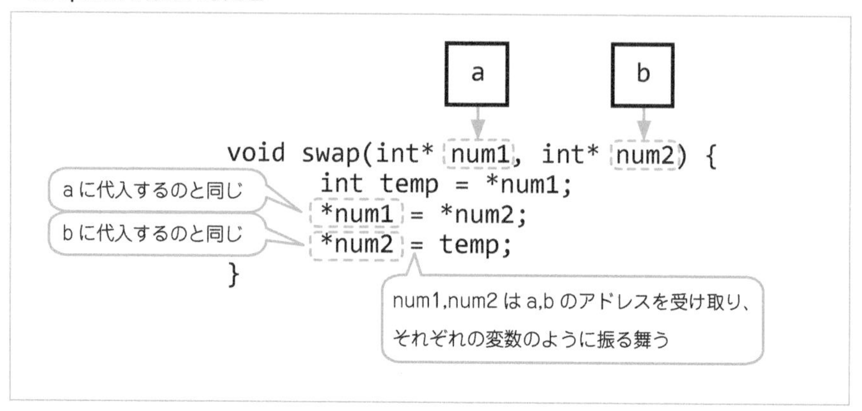

・swap関数の処理

番号	*num1	*num2	temp	処理の概要
①	1	2	1	tempに*num1を代入
②	2	2	1	*num1に*num2を代入
③	2	1	1	*num2にtempを代入

swap関数にはmain関数の変数a、bのアドレスが渡され、それがポインタ変数num1およびnum2に代入されます。

いったん、変数tempに*num1（aの値に該当）を代入します（①）。

次に*num1に*num2（bの値に該当）を代入します。これにより、aの値がbと等しくなります（②）。

次に、*num2にtempを代入することにより、bにaの値が入ります（③）。これにより、最終的にa、bの中身が入れ替わるのです。

NULLポインタへのアクセス

すでに述べたとおり、ポインタ変数は、NULLで初期化する必要があります。しかし、気を付けてほしいのは、初期化したまま何らかの変数のアドレスを設定しなかった場合、コンパイルエラーは出ませんが、プログラムは異常終了してしまいます。

以下のサンプルを実行してみてください。

Sample504/main.c

```
01 #include <stdio.h>
02
```

```
03 int main(int argc, char** argv) {
04     //  ポインタをNULLで初期化
05     int* p = NULL;
06     //  アドレスを指定しないまま値を代入
07     *p = 1;
08     return 0;
09 }
```

コンパイルはできますが、実行するとプログラムが異常終了します。NULLに限らず、ポインタ変数は、該当するアドレスに値が存在しない場合は、このような異常が発生するので注意が必要です。

注意

ポインタ変数に指し示す先のメモリ領域がない状態でアクセスすると、実行時エラーが発生します。

● 実行結果

1-2 ポインタと配列

- 配列とポインタの関係について学習する
- ポインタ変数を配列変数のようにして扱う方法を学習する
- scanf 関数について改めて説明する

ポインタ変数と配列変数の関係性

前回、ポインタ変数が、ほかの変数のアドレスを指定することにより、その変数に「なりすます」ことができ、それにより 1 つのポインタでさまざまな値を設定したり取得したりすることを学びました。この特性は、配列変数に適用すると、より効果が発揮できるのです。そのことについて説明する前に、配列とポインタの関係性について学んでみましょう。

まずは、以下のプログラムを入力してみてください。

Sample505/main.c

```
01 #include <stdio.h>
02 
03 #define SIZE    5
04 
05 int main(int argc, char** argv) {
06     //  サイズがSIZEの配列を用意する
07     int ar1[SIZE];
08     char ar2[SIZE];
09     int i;
10     int* p1 = NULL;
11     char* p2 = NULL;
12     //  値を代入
13     for (i = 0; i < SIZE; i++) {
14         ar1[i] = i;
15         ar2[i] = 'A' + i;
16     }
17     //  ポインタにアドレスを代入
18     p1 = &ar1[0];
19     p2 = &ar2[0];
```

```
20      //  値を出力
21      for (i = 0; i < SIZE; i++) {
22          printf("ar1[%d]=%d *(p1+%d)=%d ",i,ar1[i],i,*(p1+i));
23          printf("ar2[%d]=%c *(p2+%d)=%c¥n",i,ar2[i],i,*(p2+i));
24      }
25      return 0;
26  }
```

● 実行結果

```
01 ar1[0]=0 *(p1+0)=0 ar2[0]=A *(p2+0)=A
02 ar1[1]=1 *(p1+1)=1 ar2[1]=B *(p2+1)=B
03 ar1[2]=2 *(p1+2)=2 ar2[2]=C *(p2+2)=C
04 ar1[3]=3 *(p1+3)=3 ar2[3]=D *(p2+3)=D
05 ar1[4]=4 *(p1+4)=4 ar2[4]=E *(p2+4)=E
```


#defineマクロ

ポインタ変数について説明する前に、まずは3行目に出てくる#defineマクロについて説明しましょう。

● #defineマクロで定数を定義

```
#define SIZE     5
```

これは、SIZEという文字列を5という数値に置き換えるという指定です。C言語では、こういった方法で定数を定義することができます。

したがって、7、8行目の配列変数宣言は、以下のようにするのと一緒です。

● 7、8行目の配列変数の宣言

```
int ar1[5];
char ar2[5];
```

[ ] 内の数字を見ればわかるようにSIZEの部分が5になります。

同様に13、21行目で出てくるfor文は、実質的に

● 13、21行目のfor文

```
    for(i = 0; i < 5; i++)
```

とするのと一緒です。この方法の良い点は、#defineマクロでSIZEの数値を変えると、プログラムのほかの部分のSIZEも一斉に変わるため、プログラムの変更を最低限にすることができるという点です。

・マクロの変更による値の一斉変更

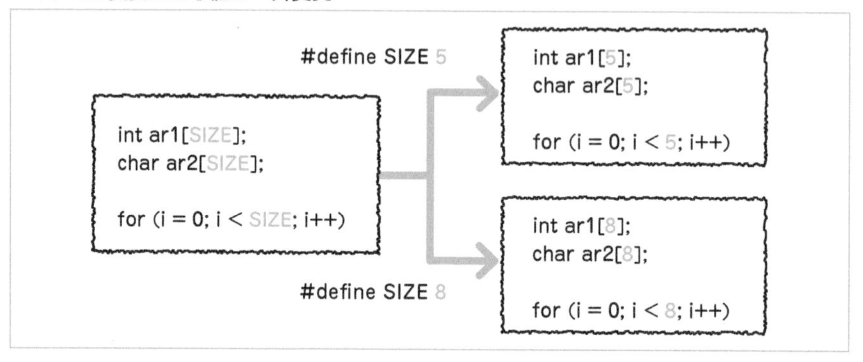

プログラムで同じ値を使う定数などは、このようにマクロで定義して使い回すといろいろと便利なのです。

配列のサイズなどをあらかじめ #define マクロで定義すると、サイズの変更が楽になります。

◎配列変数の値

SIZE の値を 5 にすることにより、int 型の配列変数 ar1 と、char 型の配列変数 ar2 がそれぞれ宣言されます。値の代入は、13 行目～ 16 行目の for 文の中で行っています。ar1 はこの for ループの中で i の値である 0 ～ 4 を ar1[0] ～ ar1[4] にそのまま代入します。

これに対し、char 型の配列変数 ar2 には、'A' +i という値を代入しています。'A' は、アルファベットの大文字 A の ASCII コードを表し、i の値を 1、2、3 と値に変化させると、'B'、'C'、'D'、... という風に変化していきます。これは ASCII コードでは、A、B、C、D、... という文字のコードが連続してるためです。

連続するアルファベットの ASCII コードは、数値としても連続しています。

次に、18、19 行目のポインタ変数へのアドレスの代入を見てみましょう。

● ポインタ変数へのアドレスの代入

```
p1 = &ar1[0];
p2 = &ar2[0];
```

p1、p2 はそれぞれ、int 型、char 型のポインタ変数です。ar1、ar2 は配列変数なので、&ar1[0] と &ar2[0] はそれぞれ、その配列の先頭の変数となるアドレスなのです。

● 配列ar1、ar2の値と、ポインタ変数p1、p2の関係

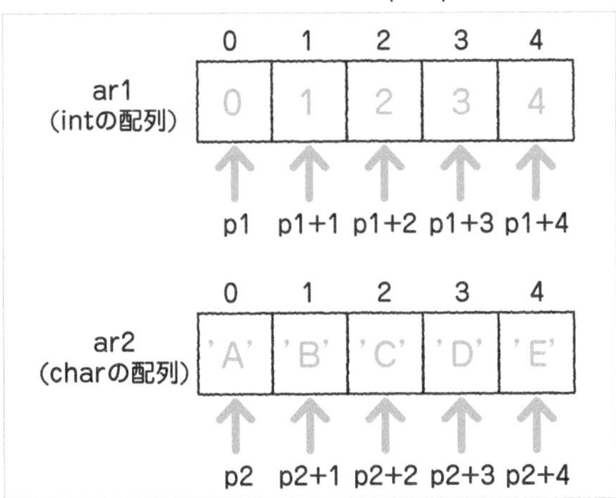

このとき、p1+1 は、p1 の次のアドレス、つまり、配列でいうと、&ar1[1] に該当し、p2+1 も同様に、&ar2[1] と等しくなるのです。p1 を例にして表にすると、以下のようになります。

● ポインタ変数と配列変数の関係性①（Sample505のar1、p1の場合）

配列変数	配列変数のアドレス	該当するポインタ	ポインタ変数の値
ar1[0]	&ar1[0]	p1	*p1
ar1[1]	&ar1[1]	p1+1	*(p1+1)
ar1[2]	&ar1[2]	p1+2	*(p1+2)
ar1[3]	&ar1[3]	p1+3	*(p1+3)
ar1[4]	&ar1[4]	p1+4	*(p1+4)

例では ar1、p1 を取り上げていますが、ar2、p2 についても同様です。p1、p2 はそれぞれ int、char であることから、1 つの変数のデータのサイズは違いますが、**ポインタ変数に 1 を足すと、その型のサイズ分だけ後ろのアドレスに移行し、逆に 1 を引くと前に移行します**。これは配列の番号 1 つ分だけ移動することになるのです。

このように、ポインタには、整数を足してアドレスを移動することができますが、それは、配列の番号を変えるのと等しいことなのです。例えば、配列変数 a とポインタ変数 p の対応は、以下のようになります。

• ポインタ変数へのアドレスの代入

```
int a[5] = { 1, 2, 3, 4, 5 };
int *p = &a[2];
```

• 配列変数aの値とポインタ変数pの関係

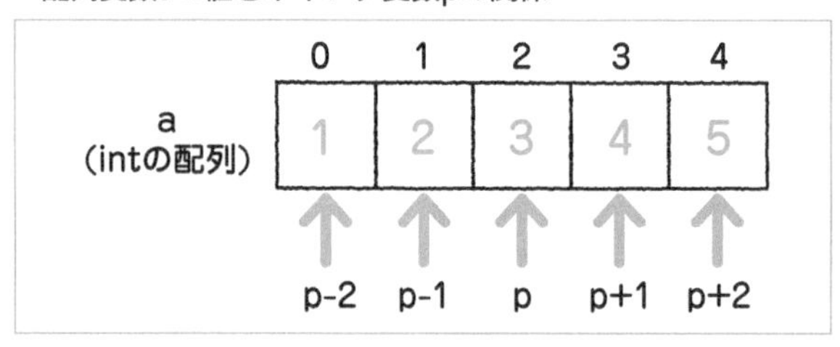

• 配列aの値とポインタ変数pの関係

配列	a[0]	a[1]	a[2]	a[3]	a[4]
該当するポインタ変数	p-2	p-1	p	p+1	p+2
ポインタ変数の値	*(p-2)	*(p-1)	*p	*(p+1)	*(p+2)

ポインタ変数としての配列変数

このように、ポインタと配列変数は相性が良いということがわかったと思います。実は配列変数は、ポインタの特殊な形だという考えることができるのです。

試しに以下のプログラムを実行してみてください。

Sample506/main.c

```
01 #include <stdio.h>
02 
03 int main(int argc, char** argv) {
04     // 配列とポインタ変数を用意する
05     double d[3] = { 0.2 , 0.4 , 0.6 };
06     double* p1 = NULL, * p2 = NULL;
07     int i;
08     p1 = d; // p1にdのアドレスを入力
```

```
09      p2 = d; //  p2にdのアドレスを入力
10      for (i = 0; i < 3; i++) {
11          printf("%f %f %f¥n", *(d + i), p1[i], *p2);
12          p2++;    //  p2のアドレスをインクリメント
13      }
14      return 0;
15  }
```

● 実行結果

```
0.200000 0.200000 0.200000
0.400000 0.400000 0.400000
0.600000 0.600000 0.600000
```

このサンプルでは、double 型の配列変数 d と、2 つのポインタ型変数 p1、p2 を用意し、それらのデータの中身を表示しています。すると、実行結果からこれらは全く同じ値を持つものであることがわかります。ではいったい、なぜそのような結果が得られるのでしょう。

まず注目してほしいのは、8、9 行目で行われているポインタへのアドレスの代入です。

● ポインタ変数へのアドレスの代入

```
p1 = d;
p2 = d;
```

これは、配列変数 d の先頭アドレス、つまり &d[0] の値を代入するのと同じ処理なのです。つまり、このことからわかるとおり、配列変数は添字がなければ、ポインタ変数と同じように扱うことができるのです。

そのため、値も、d[0] は、*d、d[1] は *(d+1)…… といったように、ポインタ変数のように扱うことができます。つまり、**配列変数というのはポインタ変数の特殊な形**と考えることができるのです。

● 配列dの配列としての側面とポインタとしての側面

配列変数	配列変数のアドレス	ポインタによる表現	ポインタによる値
d[0]	&d[0]	d	*d
d[1]	&d[1]	d+1	*(d+1)
d[2]	&d[2]	d+2	*(d+2)

ただ、**配列変数はポインタ変数とは違って、ほかの変数のアドレスを取得することはできない**ので注意が必要です。例えば、以下のような処理はできません。

● 配列変数で不可能な処理

```
double d[3] = { 0.2 , 0.4 , 0.6 };
double e[3];
e = d; ← このような処理はできない。
```

これは、配列変数はすでに定義されている配列の領域にしかアクセスできないため、dのアドレスに値を変更することができないのです。

◎ ポインタ変数を配列変数のように扱う

以上のように、配列変数をポインタ変数のように扱うことができましたが、逆にポインタ変数を配列変数のように扱うことができます。8行目で、「p1=d」としていますが、これによりp1は配列変数dと等価のものとして扱うことが可能です。

● ポインタ変数p1の配列としての側面とポインタとしての側面

配列変数	配列変数のアドレス	ポインタによる表現	ポインタによる値
p1[0]	&p1[0]	p1	*p1
p1[1]	&p1[1]	p1+1	*(p1+1)
p1[2]	&p1[2]	p1+2	*(p1+2)

この表を見ると、ポインタ変数p1と配列変数dは、「p1=d」という処理を施すことにより、ほぼ同等のものとして扱うことができていることがわかります。

前節では、ポインタ変数はアドレスを指定することにより、別の変数に「なりすます」ことができるということを説明したかと思いますが、配列変数の場合でも同じことがいえます。

以上のことから、11行目で値を表示する際に、*(d+i)とp1[i]は、ともにd[i]と同じ値が得られるわけです。

ポインタ変数のインクリメント

このように、ポインタ変数と配列変数はほぼ同等に扱うことができますが、ポインタ変数であればこそできるような処理もあります。

ポインタ変数p2は、インクリメントによってアドレスを変えています。最初に「p2 = d;」とすることで、p2は&d[0]と同じ値をとることになりますが、「p2++;」とすると、&d[1]と同じ値、さらにもう一度「p2++;」とすると、&d[2]と同じ値……という具合になります。

● ポインタ変数のインクリメント

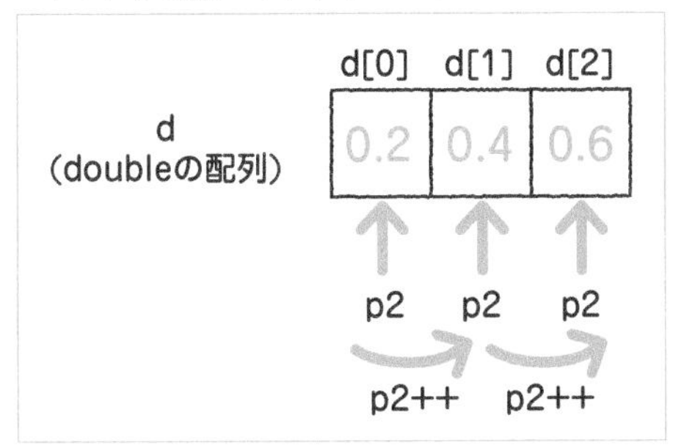

逆に「p2--;」といった処理を施すと、配列の番号をさかのぼっていくこともできます。このような処理は配列変数では行うことができず、ポインタ変数のみでできる処理です。

以上のことから、11行目では、「*p2」を表示していますが、12行目の「p2++;」という処理によって、値はd[0]、d[1]、d[2]を指すものに変化しているのです。

scanf関数とポインタ変数

2日目の75ページで、scanf関数を学んだとき、数値を入力するときと文字列を入力するときに書式が違うことを不思議に思った人も多いのではないのでしょうか。実は、その謎の答えがこの配列変数とポインタ変数の関係性の中にあるのです。

● キーボードから数値の入力待ち（nは整数型変数）

```
scanf("%d",&n);
```

• キーボードから文字列の入力待ち（sはchar型の配列変数）

```
scanf("%s",s);
```

もうすでにおわかりのとおり、文字列はchar型の配列変数であることから、sは、char型の配列の先頭アドレスになるわけです。すなわち、「s」は「&s[0]」と同じになるわけです。

このことから、表記の仕方は違うものの、**scanf関数の第2引数に変数のアドレスを入れる**ということは一貫しているということがわかります。

ここまでの内容は、すこし面倒でわかりにくく思われるかもしれませんが、実はこの部分がわかると、ポインタの大部分を理解できたといっても過言ではありません。

参考

scanfの第2引数には、キーボードから入力したデータの格納先となるアドレスを指定します。

1-3 文字列とポインタ

- char型の配列である文字列の操作方法について学習する
- 文字列とchar型のポインタの操作について学習する
- 文字列を操作する関数について理解する

文字列を操作する関数

すでに学んだように、C言語で文字列を扱う場合、char型の配列変数を使います。C言語には文字列を操作するさまざまな関数が存在します。C言語では文字列操作は頻繁に行われるため、ライブラリとしてstring.hが用意されています。ここでは、その中で比較的使用頻度が高い関数と、その使い方について紹介していくことにします。

まずは、文字列のコピーと結合について説明したいと思います。以下のプログラムを入力して実行してみましょう。

Sample507/main.c

```
01 #include <stdio.h>
02 #include <string.h>
03
04 int main(int argc, char** argv) {
05     char s[10];
06     int len;
07     //  文字列のコピー
08     strcpy(s, "ABC");
09     printf("s=%s¥n", s);
10     //  文字列の結合
11     strcat(s, "DEF");
12     printf("s=%s¥n", s);
13     //  文字列の長さ
14     len = strlen(s);
15     printf("文字列の長さ:%d¥n", len);
16     return 0;
17 }
```

● 実行結果

```
s=ABC
s=ABCDEF
文字列の長さ:6
```

2行目にある「#include<string.h>」によって、文字列の操作を行う関数が利用可能になります。ここでは、文字列のコピーや結合、および文字列の長さを求める関数を使用しているので、それぞれ詳細を紹介していきます。

◎ 文字列のコピーと結合の関数

まずは、文字列のコピー関数と結合関数を見てみましょう。使用されている関数は以下のとおりです。

● 文字列のコピーと結合の関数

関数	書式	意味	使用例
strcpy	strcpy(char* s1,char* s2);	第2引数の文字列を第1引数の文字列変数にコピーする	strcpy(s,"Hello");
strcat	strcat(char* s1,char* s2);	第2引数の文字列を第1引数の文字列変数に追加する	strcat(s,"World");

このサンプルでは、まず5行目で、長さ10のchar型の配列変数sを用意しています。

・長さ10のchar型配列変数s

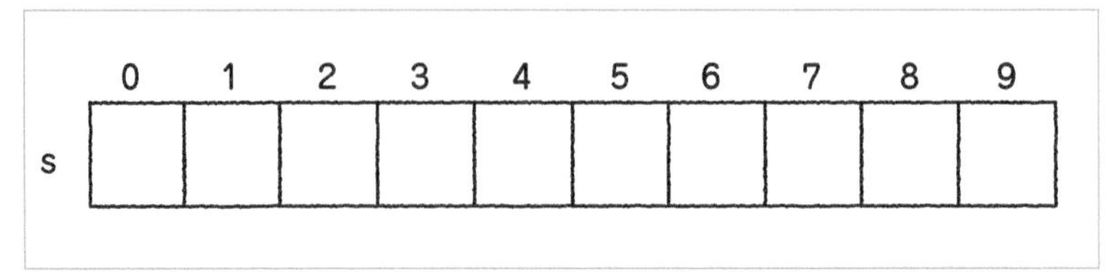

そして、8行目に、strcpy関数で、配列変数sに"ABC"という文字列をコピーしています。これは、s[0]からs[2]まで、それぞれ'A'から'C'までのASCIIコードが入り、最後に文字列の終端を表す'¥0'が、s[3]に代入された状態となります。

・配列変数sに文字列"ABC"をコピーした状態

strcpy(s,"ABC");

	0	1	2	3	4	5	6	7	8	9
s	'A'	'B'	'C'	'¥0'						

そのあと、配列変数sに11行目でstrcat関数を使って"DEF"という文字列を追加しているので、最終的に配列変数sに入っている文字列は、"ABCDEF"となります。

これは、文字列の終端であるs[3]からs[5]までに'D'から'E'までのASCIIコードが入り、文字列の終端の'¥0'が、s[6]にまで移動した状態になります。

・配列変数sに文字列"DEF"が追加された状態

strcat(s, "DEF");

	0	1	2	3	4	5	6	7	8	9
s	'A'	'B'	'C'	'D'	'E'	'F'	'¥0'			

文字列の長さの取得

このプログラムでは、最後に配列変数sの長さをstrlen関数で取得しています。strlen関数は、以下のような処理をする関数です。

• 文字列の長さを調べる関数

関数	書式	意味	使用例
strlen	strlen(char* s);	( )に文字列を与えると、戻り値として長さを得られる	int n = strlen("Hello");

文字列の長さとは、**char 型の配列の 0 番の文字から、最後に '¥0' にたどり着くまでに入っている文字の数**を指します。そのため、配列変数 s としての大きさは 10 ですが、文字列部分は「ABCDEF」だけなので、文字列の長さとして 6 が得られるわけです。

ところで、この strlen 関数に関しては 1 つ気を付けなくてはならない場合があります。それは次のサンプルのようなケースです。

Sample508/main.c

```
01 #include <stdio.h>
02 #include <string.h>
03 
04 int main(int argc, char** argv) {
05     char s[] = "日本語の文字列";
06     int len;
07     len = strlen(s);
08     printf("「%s」の長さは%dです。¥n", s, len);
09     return 0;
10 }
```

• 実行結果

「日本語の文字列」の長さは14です。

このサンプルでは、配列変数 s には、「日本語の文字列」という日本語で書かれた文字列が入っています。常識から考えれば、この文字数は 7 文字なので、strlen 関数の結果が代入される変数 len の値は 7 になりそうなものです。

ところが、実行結果はその 2 倍の 14 となっています。これは、日本語が 2 バイトコード（Windows 環境では Shift_JIS）で表されているため で、日本語の 1 文字が 2 文字とカウントされているのです。

つまり、**strlen 関数は、ASCII コードの場合の文字列の長さ＝バイト数を取得するものであって、日本語等の 2 バイトコードの場合は、値はその倍になる**ということを注意する必要があります。

strlen 関数は ASCII コードで利用することを前提としています。

文字列の比較

次は、文字列を比較する関数を見てみましょう。まずは、以下のプログラムを実行してみてください。

Sample509/main.c

```
01 #include <stdio.h>
02 #include <string.h>
03 
04 int main(int argc, char** argv) {
05     char s1[256], s2[256];
06     printf("s1=");
07     scanf("%s", s1);
08     printf("s2=");
09     scanf("%s", s2);
10     if (strcmp(s1, s2) == 0) {
11         printf("s1とs2は等しい¥n");
12     }
13     else {
14         printf("s1とs2は等しくない¥n");
15     }
16     return 0;
17 }
```

- 実行結果①（入力した値が同じ場合）

```
s1=ABC      ← 文字列を入力
s2=ABC      ← 最初と同じ文字列を入力
s1とs2は等しい
```

- 実行結果②（入力した値が違う場合）

```
s1=ABC      ← 文字列を入力
s2=DEF      ← 最初と違う文字列を入力
s1とs2は等しくない
```

プログラムを実行すると、コンソールに文字列を入力するように要求してきます。これを 2 回繰り返して、配列変数 s1、s2 に文字列を代入します。 そして、最終的に、配列変数 s1 と s2 が同じ文字列であれば、「s1 と s2 は等しい」そうでなければ「s1

と s2 は等しくない」と表示します。

文字列の比較は、strcmp 関数を使います。この関数の概要は以下のとおりです。

● 文字列が等しいかどうかを調べる関数

関数	書式	意味	使用例
strcmp	strcmp(char* s1,char* s2)	配列変数s1、s2が等しいと0、等しくなければそれ以外の値を返す	if(strcmp(s,"Hello")==0)

文字列関数における注意点

以上が C 言語で使われる主要な文字列関数です。ただ、文字列関数を使うとき、特に何らかの文字列を新たに生成するときには注意が必要です。

例えば、文字列の配列のサイズが 10 しかないのに、それ以上の長さの文字列を代入することはできません。このような場合、コンパイル時にエラーは出ませんが、実行時にシステムが異常終了するなどといったことが起こるので、気を付けましょう。

● 配列のサイズから文字列がオーバーしないように注意が必要

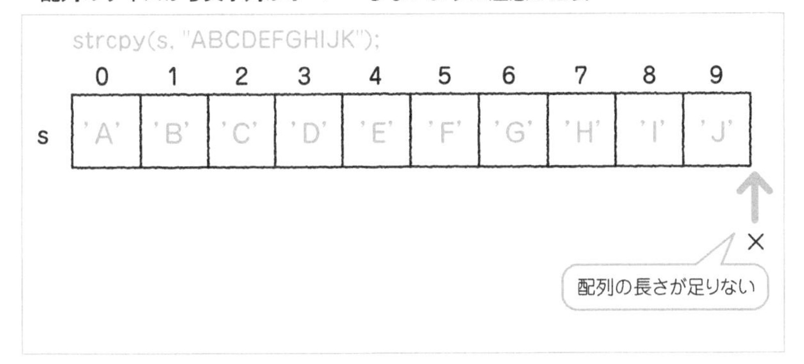

注意

文字列を操作する際には、配列のサイズを超えないようにするように気を付ける必要があります。

SDLチェックが必要なわけ

1日目で、Visual Studio 2019でプロジェクトを作る際にSDLチェックを無効化する必要があるということに関して説明しました。実は、このSDLチェックと、文字列関数の注意点との間には深い関係があります。

SDLとは、Security Development Lifecycleの略で、Microsoft社が提唱した、安全なソフトウェア製品開発のための開発プロセスのことです。

Microsoft社は、Visual Studio 2019にこの仕組みを取り入れ、**セキュリティ上の問題があるコードは、文法上に問題がなくてもエラーにする**ようにしているのです。実際、SDLチェックを外さないと使えない関数があるのですが、それらの関数は、使い方によっては、プログラムそのもの、あるいはOSそのものに対して不具合を発生させてしまいます。その隙を悪意のある人たちが利用することで、PCの乗っ取り（ハッキング）までもが実行できるようになってしまう可能性があるのです。

SDLチェックを無効にすると、その制約は外れますが、そのようなセキュリティ上の問題が残ってしまいます。

scanfが「危険」な理由

具体的にはscanf関数などが該当するわけですが、なぜこれが問題かというと、**用意された文字列用の配列よりも長い文字列を代入することにより、容易にメモリ領域を破壊できる**からです。メモリ領域を破壊するというのは、基本的なハッキングの手法であり、**バッファ・オーバーフロー攻撃**といいます。これを防ぐためにscanf関数はSDLチェックを無効にしないと使えないようにしているのです。

C言語は古い言語のため、かつては問題がなかった関数も、現在はセキュリティ上の問題点とみなされているものが少なからずあるのです。「そんなセキュリティ上の問題があるものをなぜ教えるのだ」とお叱りを受けそうですが、何ごとも基本が大事です。C言語でセキュリティに配慮したプログラミングをできるようになるには、かなりの腕前を必要とします。そのため、まずは基本からしっかりと学習していく必要があります。

文字列から数値への変換

文字列に関する関数で、特殊なものとして、数値と文字列の相互変換を行う方法についても説明します。

まずは、文字列を数値に変換するパターンから見てみましょう。次のプログラムを入力し、実行してみてください。

Sample510/main.c

```
01 #include <stdio.h>
02 #include <stdlib.h>
03 
04 int main(int argc, char** argv) {
05     char s1[] = "1000";
06     char s2[] = "12.345";
07     int a;
08     double b;
09     a = atoi(s1);
10     b = atof(s2);
11     printf("a=%d b=%f¥n", a, b);
12     return 0;
13 }
```

- **実行結果**

```
a=1000 b=12.345000
```

実行結果からわかるように、文字列として与えられた配列変数s1、s2が、それぞれ整数（int）・実数（double）として取得できました。ここで使用している関数は以下のとおりです。

- **文字列を数値に変換する関数**

関数	書式	意味	使用例
atoi	atoi(char* s);	与えられた文字列を整数(int)に変える	int n = atoi("100");
atof	atof(char* s);	与えられた文字列を実数(double)に変える	double d = atof("3.14");

なお、これらの関数は今まで紹介してきた関数と違い、string.hではなくstdlib.hの中の関数です。そのため、2行目でstdlib.hをインクルードしています。

数値から文字列への変換

続いて、数値から文字列に変換する方法を見てみましょう。次のプログラムを入力して実行してみてください。

Sample511/main.c

```
01 #include <stdio.h>
02 
03 int main(int argc, char** argv) {
04     char s1[256], s2[256];
05     int a = 100, b = 200;
06     sprintf(s1, "%d", a);
07     sprintf(s2, "bの値は%dです。", b);
08     puts(s1);
09     puts(s2);
10     return 0;
11 }
```

- **実行結果**

```
100
bの値は200です。
```

sprintf関数は、printf関数と同じ要領で文字列を作成できる非常に便利な関数です。例えば、変数sをcharの配列変数とするには、次のように記述します。

- **sprintf関数の使用例**

```
sprintf(s,"HelloWorld");
```

配列変数sには、"HelloWorld"という文字列が入ります。同様にして、6行目の処理を行えば、配列変数s1には、"100"という文字列が入ります。また、7行目のように、数値を含む文字列も容易に作ることが可能です。

ここでは、この関数を利用して数値を文字列に変換しています。

なお、文字列を操作する関数ではないのですが、8、9行目に出ているputs関数は、()に入った文字列を表示し、改行する関数です。

- **puts関数の使用例**

```
puts("HelloWorld");
```

上記のように記述すれば、「HelloWorld」と表示されて、改行されます。printf関数の場合、改行させるには、あえて'¥n'を最後に入れる必要がありましたが、puts関数にはその必要がありません。

例題 5-1 ★☆☆

長さ 10 の配列に 1 から 10 の乱数を発生させ、その配列の中から偶数を表示するプログラムを作りなさい。このとき、偶数を表示するためには、以下の show_even 関数を使うこと。

- 関数の仕様

```
show_even(int* a)
```

関数名	引数	戻り値	処理内容
show_even	整数型の配列変数a	なし	aの中の偶数のみを表示する

- 期待される実行結果の例

```
乱数:2 8 5 1 10 5 9 9 3 5
偶数:2 8 10
```

解答例と解説

整数型の配列変数 a に 14 ～ 17 行目で乱数を代入し、そのあと 21 行目で show_even 関数でこの変数を引数として渡しています。

show_even 関数の中では、渡された配列の中から偶数を表示しています。引数はポインタ変数として渡されているため、配列変数のように扱うことができるので、for 文と if 文の組み合わせで偶数を表示しています。

Example501/main.c

```
01 #include <stdio.h>
02 #include <stdlib.h>
03 #include <time.h>
04 
05 // 配列の中から偶数を表示する
06 void show_even(int*);
07 
08 int main(int argc, char** argv) {
09     int a[10], i;
10     // 乱数の初期化
```

```
11      srand((unsigned)time(NULL));
12      printf("乱数:");
13      // 配列に値を代入しながら値を表示する
14      for (i = 0; i < 10; i++) {
15          a[i] = rand() % 10 + 1;
16          printf("%d ", a[i]);
17      }
18      // 改行
19      printf("¥n");
20      // 偶数を表示
21      show_even(a);
22      return 0;
23  }
24
25  void show_even(int* a) {
26      int i;
27      printf("偶数:");
28      for (i = 0; i < 10; i++) {
29          // 配列の値が偶数であれば、その値を表示する
30          if (a[i] % 2 == 0) {
31              printf("%d ", a[i]);
32          }
33      }
34      // 改行
35      printf("¥n");
36  }
```

例題 5-2 ★☆☆

キーボードから入力した文字列の長さを求めるプログラムを作りなさい。ただし、文字列の長さを求めるために、以下の関数を作成して使用すること。

- **関数の仕様**

```
my_strlen(char* s)
```

関数名	引数	戻り値	処理内容
my_strlen	charの配列	int（文字列の長さ）	文字列sの長さ（バイト数）を求める

● 期待される実行結果の例

```
文字列を入力:apple ◀── キーボードから文字列を入力
文字列の長さ:5
```

解答例と解説

配列変数を引数として渡すときは、ポインタ渡しを使うことができます。その考え方は、例題 5-1 と同じです。

この問題では、my_strlen 関数に引数として渡すのは文字列（char の配列）であり、文字列の長さは不明です。ただ、文字列の最後には必ず '¥0' が入っているというルールがあるので、これに従い、while ループで '¥0' が出るまで文字列をカウントします。

● my_strlen関数で文字数をカウントするメカニズム

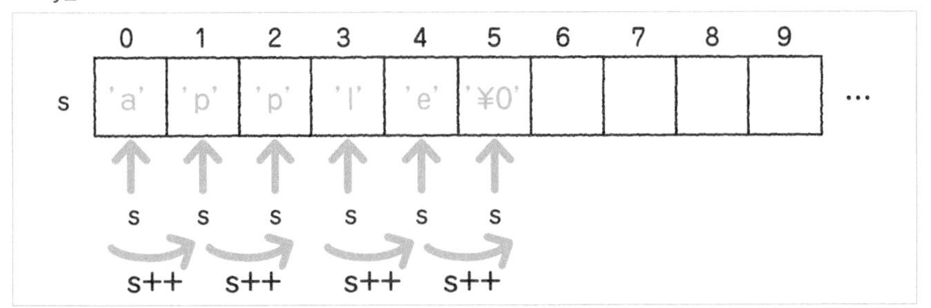

最後に得られた値を return で返します。

Example502/main.c

```
01 #include <stdio.h>
02 
03 //  文字列の長さを求める
04 int my_strlen(char*);
05 
06 int main(int argc, char** argv) {
07     char str[256];
08     int length;
09     printf("文字列を入力:");
10     scanf("%s", str);
11     length = my_strlen(str);
12     printf("文字列の長さ:%d¥n", length);
13     return 0;
```

```
14 }
15 
16 int my_strlen(char* s) {
17     int length = 0;
18     //  文字列の長さを求める
19     while (*s != '¥0') {
20         //  '¥0'にたどり着くまでカウントを続ける
21         length++;
22         s++;
23     }
24     return length;
25 }
```

例題 5-3 ★★☆

キーボードから入力した英単語の中にあるアルファベットの小文字を大文字にするプログラムを作りなさい。このとき、文字列の変換には以下の関数を使うこと。

- **関数の仕様**

uppercase_str(char* s1,char* s2)

関数名	引数	戻り値	処理内容
uppercase_str	char型変数のs1（変換前の文字列）とs2（変換後の文字列）	なし	s1の中に含まれるアルファベットの小文字を大文字に変換してs2に出力する

- **期待される実行結果**

```
英単語を入力:Apple   ← キーボードから英単語を入力
変換後の文字列:APPLE
```

解答例と解説

main関数の中で、キーボードから入力する英単語の文字列変数str1と、変換後の文字列変数str2を用意します。uppercase_str関数の第1引数にstr1、第2引数にstr2を渡すと、str1の文字列の中にあるアルファベットの小文字が大文字に変換された文字列がstr2にコピーされます。

uppercase_str 関数の中では、str1 の中を 1 文字ずつチェックし、アルファベットの小文字が使われていると判断すれば、それを大文字に変換して s2 にコピーしています。

小文字かどうかの判断を行っているのが 16 行目の if 文で、文字が 'a'(= ASCII コード 97) から、'z' (=ASCII コード 122) の間にあれば、大文字に変換します。

• uppercase_str関数で文字をコピー＆変換するメカニズム

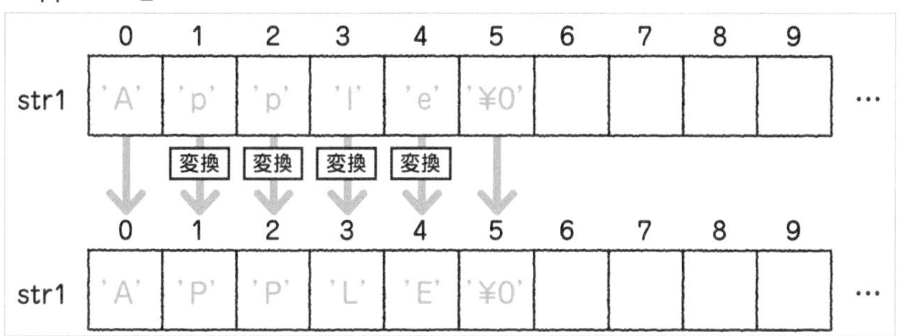

大文字に変換する方法は、いったん値から 'a' の ASCII コードを引きます。ここにさらに 'A' (=ASCII コード 65) を足すと、大文字の文字コードに変換されます。

Example503/main.c

```
01 #include <stdio.h>
02 
03 void uppercase_str(char*, char*);
04 
05 int main(int argc, char** argv) {
06     char str1[256], str2[256];
07     printf("英単語を入力:");
08     scanf("%s", str1);
09     uppercase_str(str1, str2);
10     printf("変換後の文字列:%s¥n", str2);
11     return 0;
12 }
13 
14 void uppercase_str(char* s1, char* s2) {
15     while (*s1 != '¥0') {
16         //　単語が小文字かどうかを判定する
17         if (*s1 >= 'a' && *s1 <= 'z') {
18             //　小文字を大文字に変えてコピー
19             *s2 = *s1 - 'a' + 'A';
```

```
20          }
21          else {
22              //  それ以外はそのままコピー
23              *s2 = *s1;
24          }
25          //  次の文字へ移行
26          s1++;
27          s2++;
28      }
29      //  コピーした文字列の最後に「¥0」を挿入
30      *s2 = '¥0';
31  }
```

例題 5-4 ★☆☆

キーボードから2つの文字列を入力させ、長さを比較し、長い方の文字列を表示するプログラムを作りなさい。ただし、文字列の長さが同じである場合には「同じ長さです。」と表示すること。

なお、文字列の長さを求めるためにはstring.hのstrlen関数を使うこと。

• **期待される実行結果①（文字列が異なる長さである場合）**

```
文字列を入力:apple  ← キーボードから文字列を入力
文字列を入力:banana ← キーボードから文字列を入力
長い文字列:banana
```

• **期待される実行結果②（文字列の長さが同じ場合）**

```
文字列を入力:hello ← キーボードから文字列を入力
文字列を入力:world ← キーボードから文字列を入力
同じ長さです。
```

解答例と解説

scanf関数を使って、char型の変数str1、str2に入力した文字列を設定します。このあと、それぞれの長さをstrlen関数を使って変数len1、len2に代入します。

最後に、if文で変数len1およびlen2を比較し、長い方を表示します。等しい場合には「同じ長さです。」と表示し、プログラムを終了します。

Example504/main.c

```
01 #include <stdio.h>
02 #include <string.h>
03 
04 int main(int argc, char** argv) {
05     char str1[256], str2[256];
06     int len1, len2;
07     printf("文字列を入力:");
08     scanf("%s", str1);
09     printf("文字列を入力:");
10     scanf("%s", str2);
11     len1 = strlen(str1);
12     len2 = strlen(str2);
13     if (len1 > len2) {
14         printf("長い文字列:%s¥n", str1);
15     }
16     else if (len1 < len2) {
17         printf("長い文字列:%s¥n", str2);
18     }
19     else {
20         printf("同じ長さです。¥n");
21     }
22     return 0;
23 }
```

1-4 デバッガの活用

- Visual Studio 2019 のデバッガの使い方を学習する
- プログラムの流れと変数の確認方法を理解する

デバッガの基本

関数やポインタが出てくると、プログラムが複雑になるため、デバッグが難しくなってきます。

そんなときに役立つのが**デバッガ（debugger）**と呼ばれるツールです。デバッガとは**デバッグを支援するためのツール**で、プログラミングに必要な作業ができる IDE（統合開発環境）には必ず搭載されています。もちろん、Visual Studio 2019 も例外ではありません。ここでは、Visual Studio 2019 のデバッガの使い方を紹介します。

今回は、すでに学習した Sample503 を例に、デバッガの使い方を紹介します。まずは Sample503 を開いてください。

◎ ブレークポイントの設定

デバッガは、プログラムを任意の場所で止め、変数の内容などを確認することができます。そのため、デバッグを使うにあたっては、まずプログラムを止める場所を設定します。これを**ブレークポイント（breakpoint）**といいます。

ブレークポイントは、ソースコードの中に複数設定することができます。今回は、main.c の中の 7 行目と 9 行目に設定します。ブレークポイントは、行番号のやや左側をクリックすると設定できます。クリックした際に赤い点が表示されますが、ブレークポイントを示しています。

● ブレークポイントの設置

main.c ⊕ ×
Sample503 (グローバル スコープ)

```
1   #include <stdio.h>
2
3   //  変数の値入れ替えを行う関数
4   void swap(int*, int*);
5
6   int main(int argc, char** argv) {
7       int a = 1, b = 2;
8       printf("a = %d b = %d¥n", a, b);
9       swap(&a, &b);  ≤1ミリ秒経過
10      printf("a = %d b = %d¥n", a, b);
11      return 0;
12  }
13
```

ブレークポイント

なお、いったん設定したブレークポイントを解除するには、設定したブレークポイントをもう一度クリックしてください。

◉ デバッグ実行の開始

デバッグを行うためには、プログラムをデバッグ実行する必要があります。今までプログラムを実行するときは［デバッグなしで開始］を選択していましたが、デバッグ実行をするためには、画面上部の［ローカル Windows デバッガー］をクリックします。

● ローカルWindowsデバッガーボタン

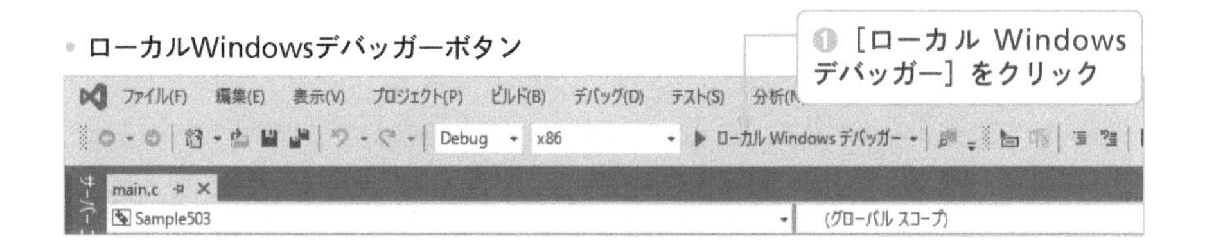

◉ ブレークポイントでの一時停止

するとデバッグ実行が開始され、黄色い矢印が最初のブレークポイントに表示されます。黄色い矢印は、プログラムがここまで実行されているということを示すものです。そのためこれは、プログラムが実行されて最初のブレークポイントでプログラムが一時停止していることを意味します。

● 最初のブレークポイントでプログラムがストップしている状態

```
main.c
Sample503                                  (グローバル スコープ)
1   #include <stdio.h>
2
3   //  変数の値入れ替えを行う関数
4   void swap(int*, int*);
5
6   int main(int argc, char** argv) {
7       int a = 1, b = 2;
8       printf("a = %d b = %d¥n", a, b);
9       swap(&a, &b);
10      printf("a = %d b = %d¥n", a, b);
11      return 0;
12  }
13
```

◎デバッガの操作

デバッグモードが開始されると同時に、画面上部分の［ローカル Windows デバッガー］があった場所にデバッガを操作するためのさまざまボタンが表示されます。

● デバッガのコントロールのためのボタン

これらのボタンで以下のような操作ができるようになっています。

● デバッガをコントロールするためのボタン

ボタン	名前	操作内容
▶ 続行(C) ▾	続行	デバッグの続行。次のブレークポイントがあればそこまでジャンプする
	デバッガの停止	デバッガを停止する
	ステップイン	関数の中に入る
	ステップオーバー	1行だけ処理を進める
	ステップアウト	関数の外に出る

◎次のブレークポイントまでジャンプする

まずは続行ボタンを押してみましょう。この操作により 7 行目で止まっていたプログラムの処理が、次のブレークポイントのある 9 行目までジャンプします。

- ［続行］をクリックしたあとの処理

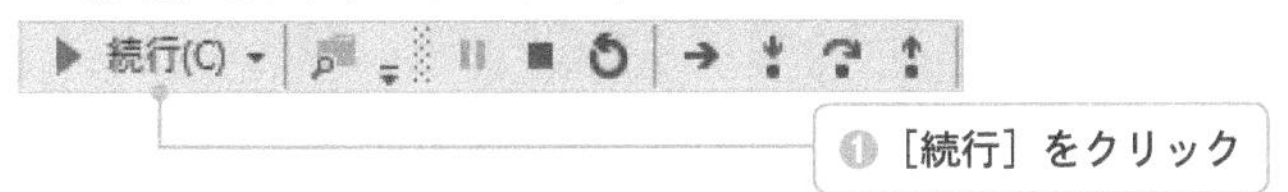

次のブレークポイントまで処理が実行される

```
 1  #include <stdio.h>
 2
 3  //  変数の値入れ替えを行う関数
 4  void swap(int*, int*);
 5
 6  int main(int argc, char** argv) {
 7      int a = 1, b = 2;
 8      printf("a = %d b = %d¥n", a, b);
 9      swap(&a, &b);  ≤1ミリ秒経過
10      printf("a = %d b = %d¥n", a, b);
11      return 0;
12  }
```

ブレークポイントを複数設定してあり、間の処理をスキップする場合には［続行］をクリックして、処理を進められます。

変数の値の確認

デバッグモードが開始されると同時に、画面左下に main 関数内の変数およびそのアドレスが表示されます。処理が９行目まで来た段階でこの箇所を確認すると、以下のようになっています。

- 変数の内容の確認

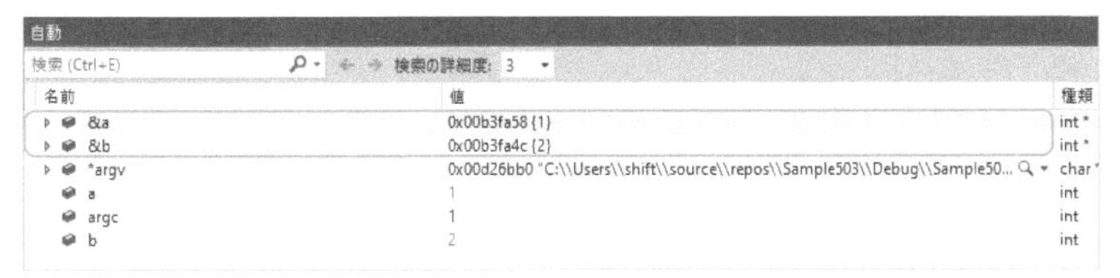

プログラム内の変数の値やアドレスを確認したい場合は、この部分に着目します。

swap関数の内部にステップインする

９行目は swap 関数の呼び出しです。ここで［ステップイン］をクリックすと、黄色い矢印は swap 関数の中に入ります。これにより関数の中の処理を追跡することができます。

アドレスとポインタ

• ステップインボタンを押した場合

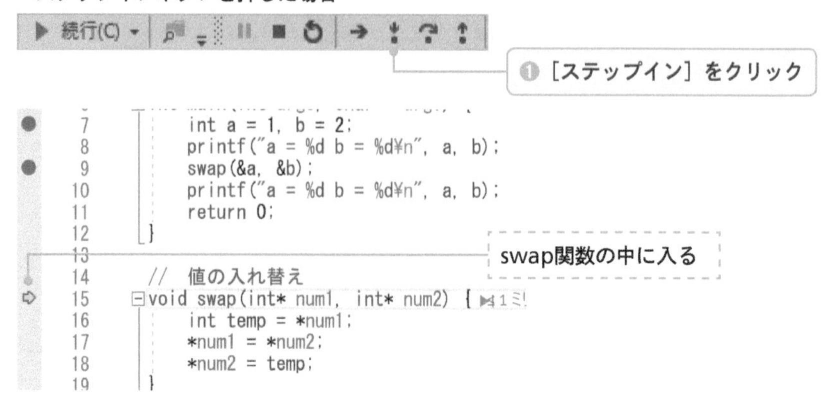

swap 関数内にステップインすると、表示されている変数は swap 関数のものに切り替わっていることがわかります。*num1、*num2 のアドレスが、main 関数の中の変数 a、b のアドレスと同じであることがわかります。

• swap関数内の関数の確認

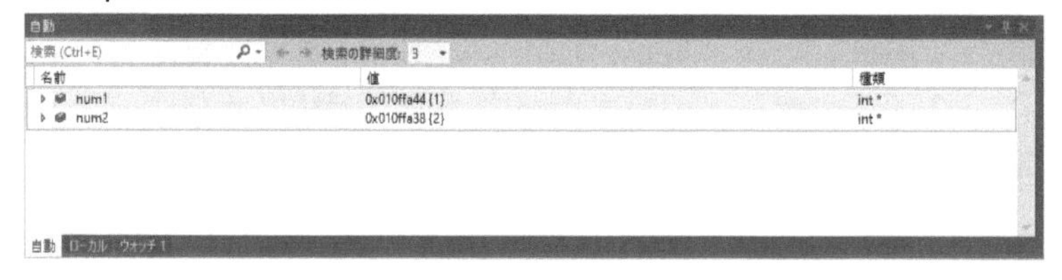

◎ステップオーバーで1行ずつ処理を実行する

［ステップオーバー］を 1 回クリックすると、黄色い矢印が 1 行分移動します。ステップオーバーはブレークポイントがない場所でも、1 行ずつ処理を実行していくためのボタンです。ボタンを繰り返し押して、関数の最後の処理まで実行してみましょう。

• ステップオーバーの実行

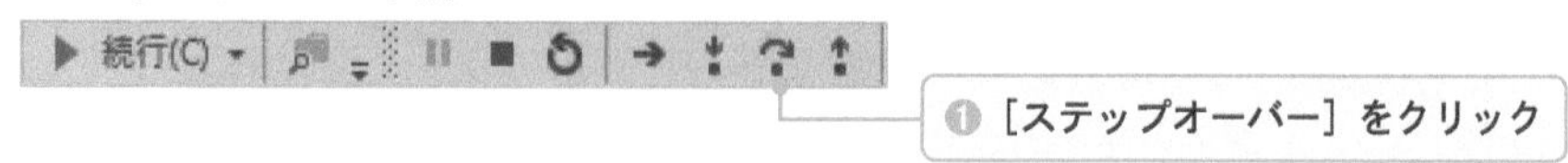

```
14      // 値の入れ替え
15    ⊟void swap(int* num1, int* num2) {
16         int temp = *num1;
17         *num1 = *num2;
18         *num2 = temp;
19     } ≤1ミリ秒経過
```

1行ずつ矢印が進む

最後に変数を確認すると、*num1 と *num2 の値が入れ替わっていることが確認できると思います。

● swap関数の最後の変数の内容

名前	値	種類
*num1	2	int
*num2	1	int
temp	1	int

◉ 関数の処理から出る

swap 関数の処理が終わったので、main 関数に戻ります。関数の中から呼び出し元に戻るには、［ステップアウト］をクリックします。

● ［ステップアウト］でswap関数の外に出る

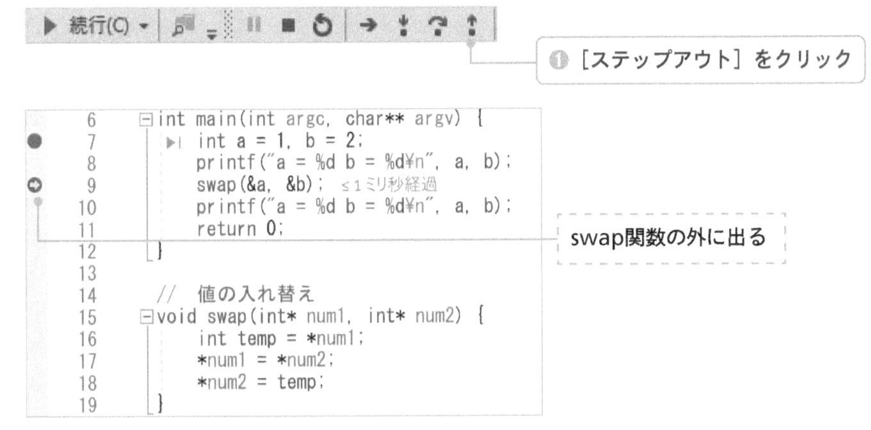

この段階で変数 a、b を確認すると、値が入れ替わっていることがわかります。

- swap関数終了後の変数の値

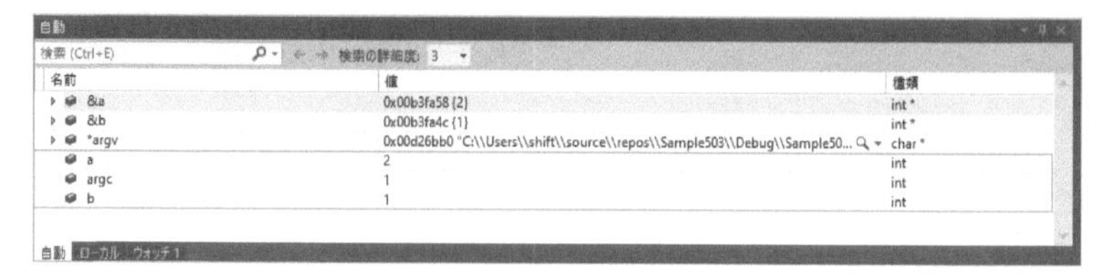

◎ デバッガの終了

デバッグ作業が終わったら、デバッガの［停止］をクリックしてデバッグを終了します。

- ［停止］でデバッグを終了する

プログラミング学習のためのデバッガの活用

デバッガは、本来プログラムの流れの中で、変数の値がどのように変わっていくかということをチェックしながらプログラムのバグを把握するためのものです。しかし、それだけではなく、プログラミング学習時にプログラミングの流れを把握するのにも適しています。

本書のサンプルプログラムの中にわかりにくいものがあった場合には、デバッガを使って流れを追ってみると非常によくわかりますので、試してみてください。

練習問題

正解は 336 ページ

問題 5-1 ★☆☆

キーボードから 2 つの文字列を入力し、その 2 つを結合して表示するプログラムを作りなさい。

なお、プログラムの中では string.h の関数を用いること。

・期待される実行結果

```
1つ目の文字列:ABC    ← キーボードから文字列を入力
2つ目の文字列:DEF    ← キーボードから文字列を入力
結合した文字列:ABCDEF
```

問題 5-2 ★★☆

例題 5-1 と同じ処理を行うプログラムを、string.h の関数を使わずに作りなさい。

問題 5-3 ★★★

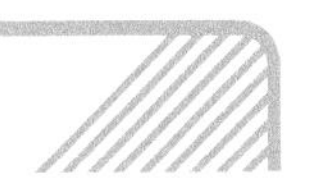

次の実行例のようにキーボードから英単語を入力し、その中に含まれているアルファベットが何個含まれているかを表示するプログラムを作りなさい。

なお、大文字と小文字は区別すること。

- **期待される実行結果**

```
英単語を入力:HelloWorld
d:1文字
e:1文字
l:3文字
o:2文字
r:1文字
H:1文字
W:1文字
```

6日目

メモリの活用・構造体

1 メモリの活用

- 動的なメモリの生成と消去について学習する
- ポインタの応用技術について学習する
- 記憶クラスについて学習する

1-1 動的メモリの生成と消去

- メモリの4領域の特徴と使い方を知る
- ヒープ領域にメモリを確保し削除する方法を学習する
- メモリリークの危険性について理解する

メモリの4領域

5日目ではポインタに関する説明をしてきましたが、ここではさらに高度なメモリの使い方を紹介します。そのためには、コンピュータのメモリの仕組みを知る必要があります。

C言語で作成したプログラムを実行すると、OSはプログラムのためのメモリ領域を確保します。このとき、このメモリ領域は大きく分けて、次の4つの領域に分かれています。

● メモリの4領域

	名前	説明
①	プログラム領域	プログラム（マシン語）が格納される場所
②	静的領域	グローバル変数やstatic変数が置かれる領域
③	ヒープ領域	動的に確保されたメモリを置く領域
④	スタック領域	ローカル変数などが置かれる領域

この中の①のプログラム領域は、コンパイラが生成したマシン語のプログラムが記憶されている領域です。また、私たちはすでに②の静的領域はグローバル変数で、④のスタック領域はローカル変数として利用しています。静的領域は、プログラム実行時から終了時まで確保されている領域です。それに対し、④のスタック領域は、関数内でのみ有効で、変数が定義されている関数が起動されると確保され、その関数が終了すると破棄されてしまいます。

ヒープ領域の利用

③の**ヒープ領域**では、**必要なタイミングでメモリを確保し、不必要になったタイミングで消去**できます。これは静的領域やスタック領域だけでは、不可能なことです。まずは以下のサンプルを入力し、実行してみてください。

Sample601/main.c

```
01 #include <stdio.h>
02 #include <stdlib.h>
03 
04 #define SIZE    3
05 
06 int main(int argc, char** argv) {
07     int* p1 = NULL;
08     double* p2 = NULL;
09     int i;
10     // 配列の生成
11     p1 = (int*)malloc(sizeof(int) * SIZE);
12     p2 = (double*)malloc(sizeof(double) * SIZE);
13     // 確保されたメモリのアドレス
14     printf("p1=0x%x p2=0x%x¥n", p1, p2);
15     // 値の代入
16     for (i = 0; i < SIZE; i++) {
17         p1[i] = i;
18         p2[i] = i / 10.0;
19     }
20     // 結果の出力
21     for (i = 0; i < SIZE; i++) {
22         printf("p1[%d]=%d  p2[%d]=%f¥n", i, p1[i], i, p2[i]);
23     }
24     // メモリの解放
25     free(p1);
26     free(p2);
```

```
27      return 0;
28  }
```

・実行結果（p1、p2のアドレス部分は実行する環境によって異なる）

```
p1=0x15a0590 p2=0x15ae110
p1[0]=0  p2[0]=0.000000
p1[1]=1  p2[1]=0.100000
p1[2]=2  p2[2]=0.200000
```

◎ malloc関数によるメモリの生成

11、12行目に出てきた**malloc（マロック）は、ヒープ領域内にメモリを確保する処理を行う関数**です。( ) 内に確保したいメモリの大きさをバイト数で指定します。

それに対して、**free（フリー）がメモリを消去する関数**です。( ) 内には、確保したメモリのアドレスを持つポインタを引数として与えます。実際の利用方法は、以下のようになります。まずは、malloc関数から見てみましょう。

・malloc関数によるメモリの確保（pをint型のポインタ変数と仮定）

```
p= (int*)malloc(sizeof(int)*10);
```

int型のサイズは、sizeof(int) で取得できますから、ここではそれに10を掛けてint10個分、つまり10の成分の配列変数としてメモリが確保できたわけです。

ここで忘れてはいけないのは、**malloc関数の先頭に代入するポインタ変数の型へのキャストを入れることです。** malloc関数の戻り値はvoid* でありpはint型のポインタなので、(int*) でキャストします。

voidは「何もない」という意味ですが、このように型が不明なポインタのアドレスの戻り値を返すときにも使われるのです。

なお、**メモリの生成に失敗すると、戻り値としてNULLが返ってきます。**

重要

malloc関数の戻り値は、適切な型のポインタに変換する必要があります。malloc関数に失敗すると、戻り値としてNULLが返ってきます。

free関数による生成したメモリの削除

またグローバル変数やローカル変数とは違い、**ヒープ領域で確保したメモリは、プログラム内で消去する必要があります**。

このようにして確保したメモリは、以下のようにして消去します。

動的に確保したメモリの解放

```
free(p);
```

メモリ消去時には、キャストのように型の違いによる特別な処理をする必要がありません。なお、malloc 関数や free 関数を使うためには、stdlib.h をインクルードする必要があります（2 行目）。

重要

malloc 関数で生成したメモリは、必ず free 関数で消去する必要があります。

プログラムの解説

以上を踏まえて、Sample601 の解説をしていきましょう。

ポインタ変数の宣言

このプログラムでは、7、8 行目で int 型のポインタ変数 p1、double 型のポインタ変数 p2 を宣言し、NULL で初期化しています。

ポインタ変数の初期化

```
int* p1 = NULL;
double* p2 = NULL;
```

p1 および p2 は main 関数で宣言されたローカル変数なので、ポインタ変数自体はスタック領域にメモリが確保されます。

• p1、p2の領域の確保

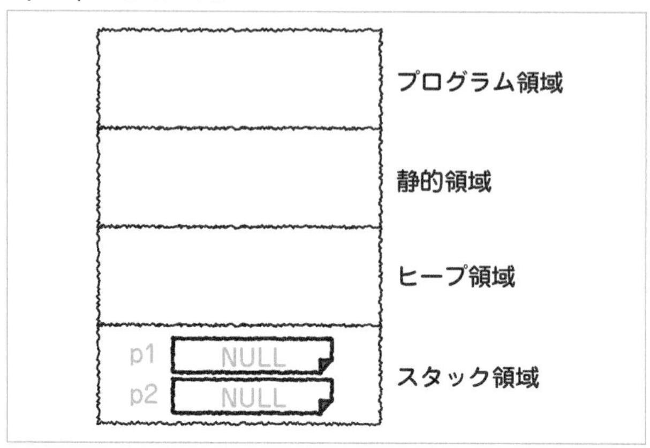

◎ メモリの確保

続いて、11、12行目でmalloc関数を使ってメモリを確保します。大きさはそれぞれ、intおよびdoubleの3つ分です。これは大きさ3の配列を用意したことと同じです。

• メモリの確保

```
p1 = (int*)malloc(sizeof(int) * SIZE);
p2 = (double*)malloc(sizeof(double) * SIZE);
```

生成したメモリのアドレスは、ポインタ変数p1、p 2に代入されます。これらは下記の内容とほぼ同等です。

• メモリ確保の意味

```
int p1[SIZE];
double p2[SIZE];
```

違いは**ヒープ領域に確保されたメモリなので、あとでプログラムの中で消去しなくてはならないということです**。

・mallocによるメモリの確保

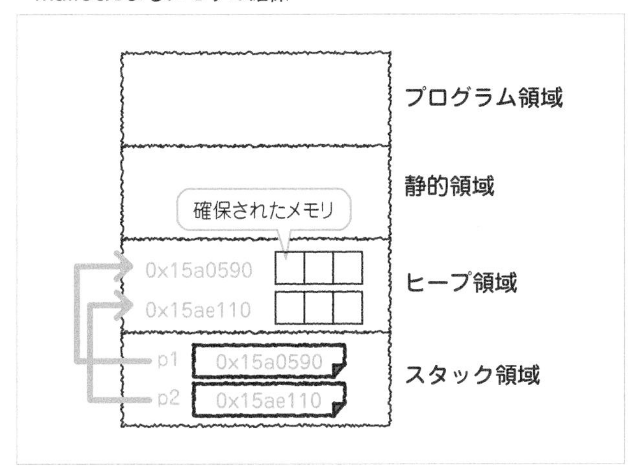

ポインタ変数 p1、p2 自体は main 関数で宣言されたローカル変数なので、これらのアドレスは、スタック領域の p1 および p2 の領域に書き込まれ、14 行目の printf 関数でアドレスが表示されます。

値の代入と表示

16 ～ 19 行目の for 文で、配列変数と同等に扱えるようになったポインタ変数 p1、p2 に、それぞれ値を代入しています。

・値の代入

```
for (i = 0; i < SIZE; i++) {
    p1[i] = i;
    p2[i] = i / 10.0;
}
```

ポインタ変数 p1 は int 型、ポインタ変数 p2 は double 型の配列変数と同等に扱うことができます。

• 値の代入

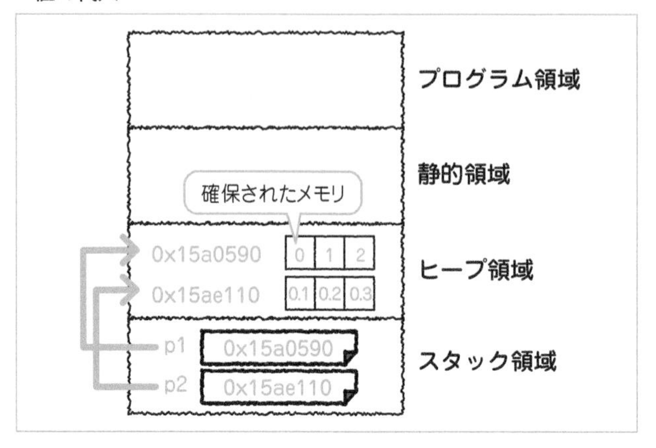

そして、21 ～ 23 行目の for 文でその値を表示しています。

◉ メモリの消去

最後に、25、26 行目でポインタ変数 p1、p2 で指定しているヒープ領域のメモリを消去します。

• メモリの消去

```
free(p1);
free(p2);
```

これにより、確保されたメモリ領域は消去されます。このとき、ポインタ変数 p1、p2 には最初に確保したメモリが代入されたままですが、このアドレスには確保されたメモリはすでになくなっています。

このように、ヒープ領域でメモリを動的に確保するのは多少面倒ですが、これにより画像ファイルのように大量のメモリを一時的に確保し、不必要になったタイミングで消去するような処理が行えるようになります。

● メモリの消去のイメージ

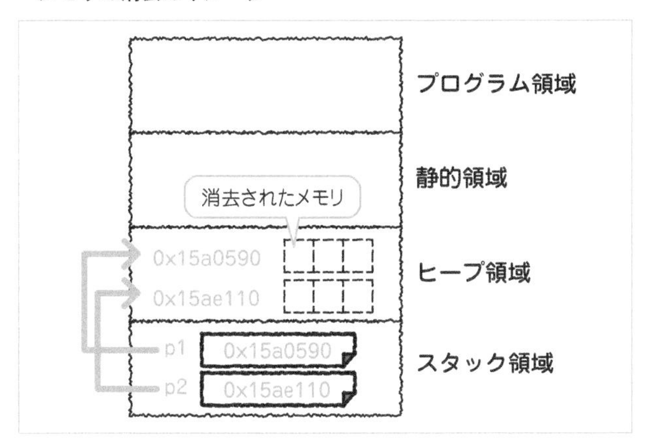

メモリリーク

ヒープ領域で動的に確保したメモリは、必ず消去する必要がありますが、malloc関数で確保したメモリ領域の消去も忘れていると、そのメモリ領域は誰にも使用されることなく、プログラムが終了するまで、システムのメモリ資源を無駄に占有し続けることになります。

このような現象のことを、「システムのメモリがどこかから漏れて（リーク）足りなくなっていく」という意味から**メモリリーク（memory leak）**といいます。

メモリリークは、一見あまり大きな問題ではないように見えるかもしれませんが、長時間連続稼動するプログラムでメモリリークが発生している場合、メモリ資源を次々と浪費し続け、システムのパフォーマンスを落とすこととなり、最悪の場合、システムが停止する場合もあるのです。

用語

メモリリーク
確保したメモリを消去し忘れ、確保したままになってしまうこと。

メモリ生成の関数

なお、C 言語で動的にメモリを生成するには複数の関数があります。PC 上で動作するアプリを作る場合は、malloc 関数を使う場合がほとんどなので、以後、ここでは すべて malloc 関数に統一するものとします。

● C言語で使われるメモリ生成のための関数

関数名	読み方	説明
malloc	マロック	引数で指定したバイト数だけ動的にメモリを確保する
calloc	キャロック	mallocと基本は同じだが、生成された領域はすべて0で初期化されている
realloc	リアロック	一度確保したメモリを違うサイズで確保し直す

例題 6-1 ★☆☆

キーボードから配列の長さを入力し、その長さの整数型の配列を生成する。その中に 1 から 10 の乱数を代入し、表示させなさい。

- **期待される実行結果の例①（正常な動作をした場合）**

```
配列の長さ:10                ← キーボードから入力
生成した配列:1 4 5 6 9 10 7 2 5 2
```

なお、入力した配列の長さが 0 以下の場合、「配列の長さは 1 以上にしてください。」と表示して、処理を終了させなさい。

- **期待される実行結果の例②（0以下の値が入力された場合）**

```
配列の長さ:-1                ← 0 以下の値を入力
配列の長さは1以上にしてください。
```

また、メモリの生成に失敗した場合には、「メモリの生成に失敗しました。」と表示して、プログラムを終了させなさい。

- **期待される実行結果の例③（メモリの生成に失敗した場合）**

```
配列の長さ:1111111111111111111          ← 極端に大きな値を入力
メモリの生成に失敗しました。
```

解答例と解説

scanf 関数で長さを変数 length に代入したあと、10 〜 13 行目の if 文で長さが 0 以下の場合に、「配列の長さは 1 以上にしてください。」と表示し、return 文を使って途中で処理を終了します。

変数 length が 1 以上の場合は、15 行目の malloc 関数で変数 length に代入されて数値で int 型配列を生成しますが、変数 length に生成可能なサイズのメモリを超えるような極端に大きな値が代入された場合は、**メモリの生成に失敗し、malloc 関数の戻り値として 0 が得られます**。

よってポインタ変数 array の値が 0 であった場合、16 〜 20 行目の処理でメモリの生成に失敗したらメッセージを表示し、プログラムを終了します。正常にメモリが生成されたら、配列内に乱数を代入して表示します。

最後に 33 行目で free 関数で生成したメモリを解放してプログラムを終了します。

Example601/main.c

```
01 #include <stdio.h>
02 #include <stdib.h>
03 
04 int main(int argc, char** argv) {
05     int length, i;
06     int* array = NULL;
07     printf("配列の長さ:");
08     scanf("%d", &length);
09     //  配列の長さが正の値かどうかをチェック
10     if (length <= 0) {
11         printf("配列の長さは1以上にしてください。¥n");
12         return 0;
13     }
14     //  生成した長さの配列を生成
15     array = (int*)malloc(sizeof(int) * length);
16     if (array == 0) {
17         //  メモリの生成に失敗した場合には、終了
18         printf("メモリの生成に失敗しました。¥n");
19         return 0;
20     }
21     //  乱数を代入
22     for (i = 0; i < length; i++) {
23         array[i] = rand() % 10 + 1;
24     }
25     //  乱数の値を表示
26     printf("生成した配列:");
27     //  配列の値を表示
28     for (i = 0; i < length; i++) {
29         printf("%d ", array[i]);
30     }
31     printf("¥n");
32     //  メモリの解放
33     free(array);
34     return 0;
35 }
```

1-2 ポインタの応用技術

- 関数ポインタとその使い方を学習する
- ポインタのポインタについて学習する

関数ポインタ

ここまでさまざまなポインタに関する説明をしてきましたが、ポインタとして保持できるのは、何も変数だけではありません。このほかに関数を代入できる**関数ポインタ**が存在します。実際に、簡単なサンプルを見てみましょう。

Sample602/main.c

```
01 #include <stdio.h>
02 
03 // 関数
04 void func1();
05 void func2();
06 
07 int main(int argc, char** argv) {
08     void (*fp)() = NULL;    // 関数ポインタ変数の宣言
09     fp = func1;             // 関数ポインタ変数fpにfunc1を代入
10     fp();                   // 関数fpを実行
11     fp = func2;             // 関数ポインタ変数fpにfunc2を代入
12     fp();                   // 関数fpを実行
13     return;
14 }
15 
16 // 関数1
17 void func1() {
18     printf("func1¥n");
19 }
20 
21 // 関数2
22 void func2() {
23     printf("func2¥n");
24 }
```

・実行結果

```
func1
func2
```

◎関数ポインタの基本

このプログラムの8行目で宣言され、NULLで初期化されているfpが、関数ポインタの変数です。関数ポインタ変数の書式は、以下のとおりです。

・関数ポインタの書式

型名 (*変数名)(引数の型)

ここで使われているfunc1関数とfunc2関数は、戻り値の型がvoidで引数がないため、( )内が空白で、変数名がfpであることから、void (*fp)と宣言します。

・関数ポインタ変数の定義

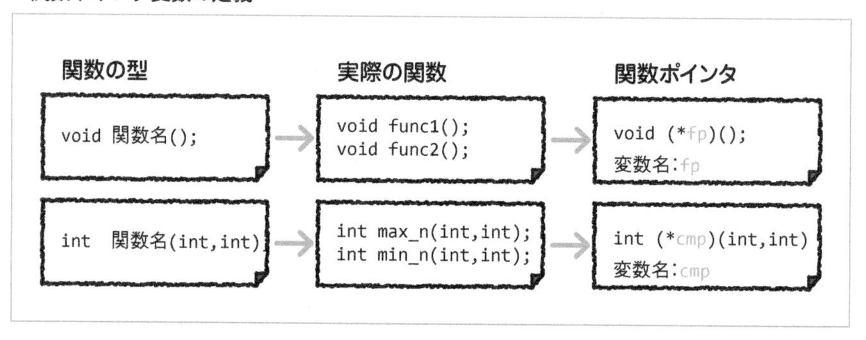

関数ポインタ変数は、それ自体が関数であり、変数名＝関数名として呼び出すことができます。ただし、変数が宣言されただけの状態では使用することができません。

定義の仕方こそ特殊ですが、関数ポインタ変数もポインタ変数の一種です。ただ、そこに代入するのはあくまでも関数です。関数を変数に代入するというとなんだか変な感じがしますが、これは**プログラム領域の中で定義されている関数のアドレス**を代入するためのものなのです。

● 関数とポインタ変数の関係

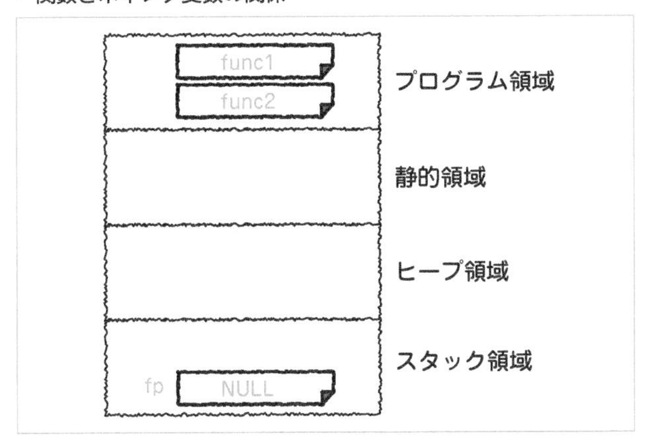

続いて、9 行目では関数ポインタ fp に func1 関数を代入、つまり func1 関数のアドレスを代入します。次の行で関数 fp を呼び出すと、func1 関数が実行されます。

● 関数ポインタfpにfunc1関数を代入した場合

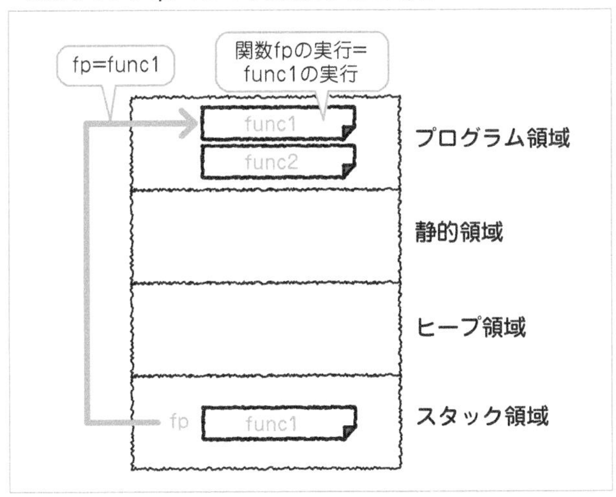

続いて、11 行目で関数ポインタ fp に func2 関数を代入すると、12 行目で再び関数ポインタ fp を呼び出したときに、func2 関数が実行されるのです。

• 関数ポインタfpにfunc2関数を代入した場合

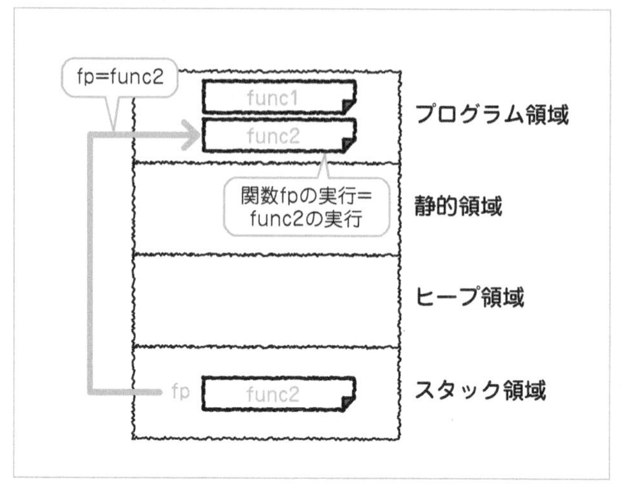

このように、fp という関数を 2 回呼び出しましたが、fp にどの関数（のアドレス）を代入するかによって、結果が変わってくるのです。

引数のある場合の関数ポインタ

最初は引数がない関数のケースを紹介しましたが、次は引数のある関数のケースを紹介しましょう。次のプログラムを入力し、実行してみてください。

Sample603/main.c

```
01 #include <stdio.h>
02
03 int max_n(int, int);
04 int min_n(int, int);
05
06 int main(int argc, char** argv) {
07     int (*cmp)(int, int) = max_n;  //  cmpの宣言とmax_nの代入
08     int a = 1, b = 2;
09     printf("%dと%dのうち、最大のものは、%d¥n", a, b, cmp(a, b));
10     cmp = min_n;  //  cmpにmin_nを代入
11     printf("%dと%dのうち、最小のものは、%d¥n", a, b, cmp(a, b));
12     return 0;
13 }
14
```

```
15 //　最大値を返す関数
16 int max_n(int m, int n) {
17     if (m > n) {
18         return m;
19     }
20     return n;
21 }
22 
23 //　最小値を返す関数
24 int min_n(int m, int n) {
25     if (m < n) {
26         return m;
27     }
28     return n;
29 }
```

● 実行結果

```
1と2のうち、最大のものは、2
1と2のうち、最小のものは、1
```

◎ プログラムの概要

2 つの整数の最大値を求める max_n 関数と、最小値を求める min_n 関数が定義されており、それぞれを関数ポインタ変数 cmp に代入して操作しています。

関数ポインタ変数 cmp は 7 行目で宣言し、同時に max_n 関数を代入しています。そのため、9 行目で関数ポインタ変数 cmp を呼び出した場合は、2 つの引数 a、b の最大値が得られます。

続いて、10 行目で min_n 関数を代入しているので、11 行目で呼び出した場合には、2 つの引数 a、b の最小値を得られます。

◎ 関数ポインタ変数の注意点

関数ポインタ変数を使う場合の注意点は、**関数ポインタ変数には、型の違う関数を代入することができない**という点です。例えば、最初のサンプルで紹介した「void (*fp)()」で宣言した関数ポインタ変数 fp には、「void func()」のアドレスは代入できますが、型の違う「int max_n(int, int)」は代入できません。

逆に、「int (*cmp)(int, int)」で宣言した関数ポインタ変数 cmp には、「int max_n(int, int)」のアドレスは代入できますが、型の違う「void func()」は代入できません。

・関数ポインタ変数は代入する変数と型を一致させる必要がある

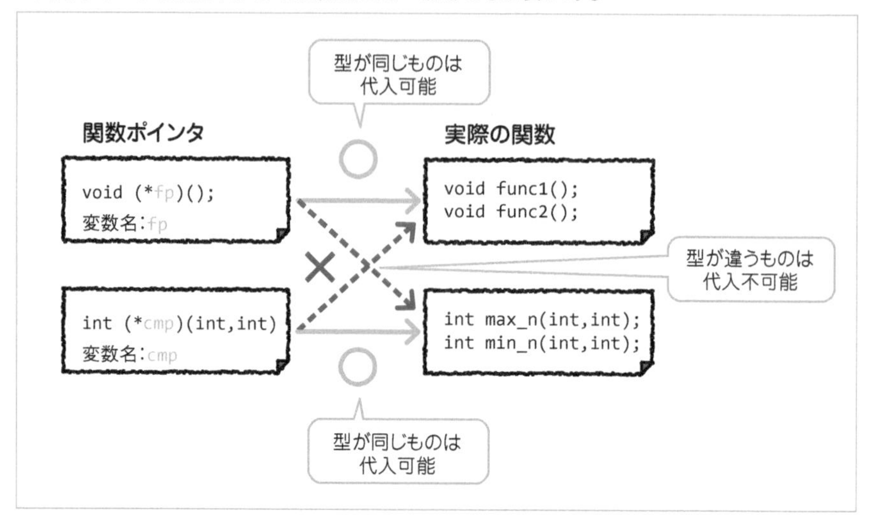

関数ポインタ変数には、型の違う関数を代入することはできません。

引数としての関数ポインタ変数

関数ポインタ変数は、他のポインタ変数同様、関数の引数として渡すことも可能です。以下のサンプルを実行してみてください。

Sample604/main.c

```
01 #include <stdio.h>
02 
03 //  関数ポインタを引数としてとる関数
04 void funcp(int (*)(int), int n);
05 //  関数ポインタに使う関数
06 int dbl(int);
07 int hlf(int);
08 
09 int main(int argc, char** argv) {
10     funcp(dbl, 8);    //  引数として、関数を渡す
11     funcp(hlf, 8);    //  引数として、関数を渡す
12     return 0;
13 }
14 
```

```
15 //  引数として与えた関数を実行して結果も表示する
16 void funcp(int (*f)(int), int n) {
17     printf("引数:%d 結果%d¥n", n, f(n));
18 }
19 
20 //  引数を倍にして返す
21 int dbl(int n) {
22     return n * 2;
23 }
24 //  引数を半分にして返す
25 int hlf(int n) {
26     return n / 2;
27 }
```


● **実行結果**

```
引数:8 結果16
引数:8 結果4
```

4行目で、関数ポインタ変数を引数として持つfuncp関数のプロトタイプ宣言をしています。プロトタイプ宣言の中で、関数ポインタ変数を宣言するときは、以下のようになります。

● **プロトタイプ宣言の中での関数ポインタ変数の記述方法**

```
型名 (*)(引数)
```

普通の引数と同様、**関数ポインタ変数の宣言から、変数名を抜いた形にすればよい**ことがわかります。関数名は、対応する関数の定義の中で記述します（16行目）。

このサンプルではfuncp関数の引数として、dbl関数とhlf関数を渡しています。引数として渡された関数は17行目で実行されています。関数が違えば当然のことながら実行結果は違ってきます。

このように、関数ポインタ変数は呼び出す関数を変更するときに非常に便利です。

ポインタのポインタ（ダブルポインタ）

ポインタ変数とは変数のアドレスを格納する変数ですが、前節で説明したとおり、ポインタ変数も当然、変数のアドレスをメモリのどこかに保存しています。つまり、ポインタ変数自体もアドレスを持っているわけです。そのためポインタ変数のアドレスを格納することができるポインタ変数が存在し、これを**ポインタのポインタ（ダブルポインタ）**変数と呼びます。

Sample605/main.c

```
01 #include <stdio.h>
02 
03 int main(int argc, char** argv) {
04     // 整数型変数の宣言
05     int a = 10;
06     // ポインタ変数の宣言
07     int* p = &a;
08     // ポインタのポインタ
09     int** pp = &p;
10     printf("a=%d &a=0x%x¥n", a, &a);
11     printf("*p=%d p=0x%x &p=0x%x¥n", *p, p, &p);
12     printf("*pp=0x%x pp=0x%x¥n", *pp, pp);
13     return 0;
14 }
```

- **実行結果（実行環境によりアドレスの値は異なる）**

```
a=10 &a=0x12ffc60
*p=10 p=0x12ffc60 &p=0x12ffc54
*pp=0x12ffc60 pp=0x12ffc54
```

変数aのアドレスを、ポインタ変数pに代入しています。当然のことながらpもメモリの中に存在するため、アドレスが存在します。それが&pです。

それを代入しているのが、9行目のダブルポインタ変数であるppです。**ダブルポインタ変数の宣言は、次のようにポインタを表すマークである「*」を2つ付けます。**

- **ポインタのポインタの宣言**

```
変数の型** 変数名
変数の型 **変数名        ← どちらの書き方をしてもよい
```

当然のことながら、この変数にもさらにアドレスが存在します。その場合は「*」を3つ付ければよいわけです。

ただ、実際に使われるのはせいぜい「*」が2つのダブルポインタぐらいまでです。最初は関係性を理解するのに苦労すると思われるので、わかりやすくするためにa、p、ppの関係性をまとめてみましょう。

a、p、ppの関係

a	p	pp
a	*p	**pp
&a	p	*pp
-	&p	pp

文字列の配列をポインタとして渡す

以上でポインタの基本は理解できたかと思います。次にこれが実際にどのようなケースで使用されるかについて紹介していきましょう。

最も代表的なケースは、複数の文字列を関数の引数として渡すケースです。まずは次のサンプルを入力し実行してみてください。

Sample606/main.c

```
01 #include <stdio.h>
02 
03 void show(char**);
04 
05 int main(int argc, char** argv) {
06     // 文字列の配列
07     char* s[] = { "Taro","Hanako","Tom" };
08     int i;
09     printf("** sの配列として表示 **¥n");
10     for (i = 0; i < 3; i++) {
11         printf("%s¥n", s[i]);
12     }
13     // 関数の引数として文字列の配列を渡す
14     show(s);
15     return 0;
16 }
17 // 複数の文字列を表示する
18 void show(char** pps) {
19     int i;
20     printf("** show関数として表示 **¥n");
21     for (i = 0; i < 3; i++) {
22         printf("%s¥n", pps[i]);
23     }
24 }
```

● 実行結果

```
** sの配列として表示 **
Taro
Hanako
Tom
** show関数として表示 **
Taro
Hanako
Tom
```

数値などと同様に、複数の文字列を配列としたい場合が存在します。

しかし、文字列自体がそもそも char 型の配列です。そのため、7 行目のように char* の配列にします。

● 文字列の配列の宣言

```
char* s[] = { "Taro","Hanako","Tom" };
```

これにより、文字列 s[0]、s[1]、s[2] という 3 つの文字列ができ、文字列の内容はそれぞれ、"Taro"、"Hanako"、"Tom" となります。

実際のところは s は char 型のポインタ変数の配列であるため、s[0] ～ s[2] にはそれぞれの文字列の先頭アドレスが入っています。

● 文字列s[0]～s[2]の値とアドレス

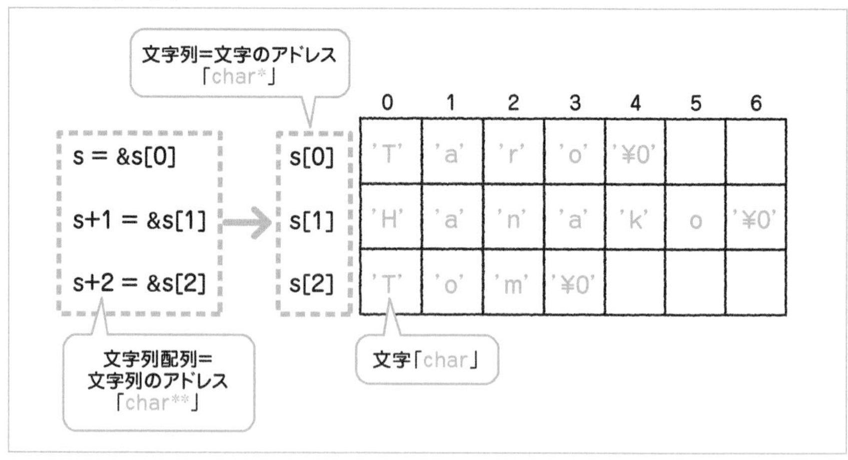

sの値は、最初の配列s[0]のアドレスである&s[0]になります。同様に、s+1が2つ目の文字列の先頭アドレス&s[1]、s+2が3つ目の文字列の先頭アドレス&s[2]となるのです。

文字列を関数の引数として渡す場合は、「char*」として渡していましたが、さらに文字列が配列となるため、引数の型は「char**」となります。そのためshow関数の引数では、char**型の変数として、sを渡しています。

つまりshow関数の引数ppsは、ポインタの配列変数sと同様に扱うことができるのです。

main関数の引数の意味

ここまでくると、今まで無条件に使ってきた、main関数の2つの引数が何かということが説明できます。もともとC言語が開発された段階では、現在のWindowsやmacOSのようにOSにはGUIはありませんでした。代わりに、コンパイルした実行ファイルの名前をそのままコマンドプロンプトやターミナルに入力し、Enterキーを押すことでプログラムを実行していたのです。

そのため、main関数には、コマンドラインから入力されたさまざまな情報を取得する機能が引数として渡ってくるような仕組みになっているのです。

このような引数を**コマンドライン引数**といい、それぞれ以下のような意味を持っています。

- **第1引数（int argc）**

int型のargcは、コマンドライン引数の数を表します。スペースまたはタブで区切られたコマンドライン上の文字列を数え、それをmain関数に渡されます。プログラム名自体もその1つとして数えられるため、最低でも1となります。argcが1の場合はプログラムに与える引数がないということを意味します。

- **第2引数（char** argv）**

ポインタの配列argvは、スペースまたはタブで区切られた各引数の文字列の配列です。char型配列として保持されるので、それらを指すポインタを先頭から順に配列とし、その先頭アドレスが第2引数としてmain関数に渡されるのです。

引数があろうとなかろうと、必ず**argv[0]にはフルパス（ドライブ名からのパス）で実行ファイルのファイル名が設定**されます。

例えば、「hoge.exe」というコマンドを実行したとします。このとき、hoge.exeは、フォルダ「c:¥foo」内に存在すると仮定します。このとき引数なしで実行すると、argc の値は 1、argv[0] が "c:¥foo¥hoge.exe" となります。

● コマンドにパラメータがない場合

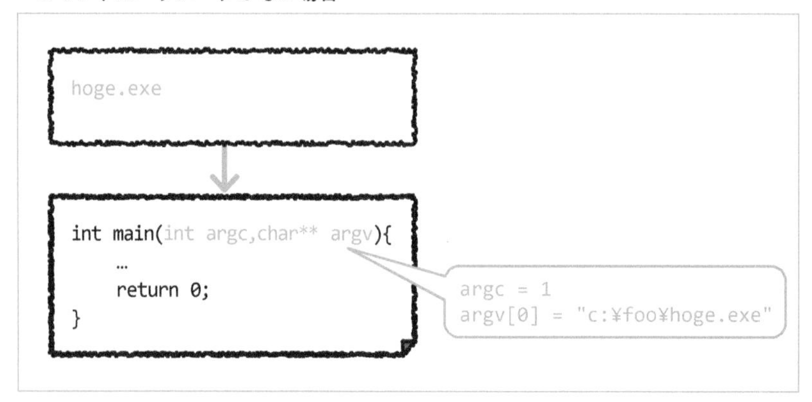

これに対し「hoge.exe hello world」とすると、argc の値は 3、argv[0] が "c:¥foo¥hoge"、argv[1] は "hello"、argv[2] は "world" となります。

● コマンドにパラメータがある場合

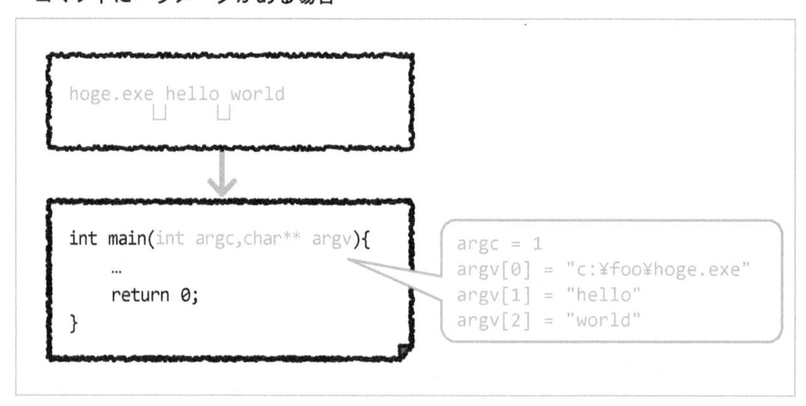

このようにコマンドライン引数を取得するのが main 関数の引数 argc、argv の役割です。

例題 6-2 ★☆☆

以下の例のようにコマンドライン引数をすべて表示するプログラムを作りなさい。argv[0] の実行ファイルのパス名は環境によって異なってよいものとする。

- **期待される実行結果の例（引数として「abc def ghi」を与えた場合）**

```
argv[0] : C:¥Users¥shift¥source¥repos¥Example602¥Debug¥Example602.
exe
argv[1] : abc
argv[2] : def
argv[3] : ghi
```

解答例と解説

この問題の解答となるプログラム自体は、意外と簡単です。

以下のように、for 文を使って、argc の数だけループを回し、argv[0] ～ argv[argc-1] の文字列を表示すればよいのです。

Example602/main.c

```
01 #include <stdio.h>
02 
03 int main(int argc, char** argv) {
04     int i;
05     for (i = 0; i < argc; i++) {
06         printf("argv[%d] : %s¥n", i, argv[i]);
07     }
08     return 0;
09 }
```

なお、Visual Studio 2019 で、コマンドライン引数を設定するには、プロジェクトを右クリックし、［プロパティ］を選択したあと、［構成プロパティ］-［デバッグ］を選択します。

すると、［コマンド引数］という項目が現れるので、ここに値を設定します。ここで、引数に「abc def ghi」と設定すれば、実行例と同じ結果が得られます。ただし、argv[0] のパス名は環境によって異なります。

・Visual Studio 2019でコマンドライン引数を設定する方法

またもう1つの実行方法としては、コマンドプロンプトを起動し、直接プログラムを実行するというやり方もあります。コマンドプロンプトの使い方がわかる方は、コマンドラインを起動し、「cd(プログラムのあるファイルのパス名)」を入力したあとに、「Example602.exe abc def ghi」としてみてください。以下のような結果が得られます。

・コマンドラインから直接プログラムを実行した場合

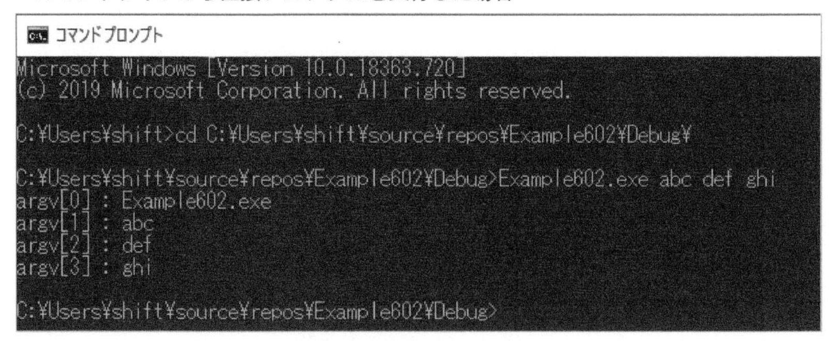

両方の方法を試して、それぞれの結果を比較してみましょう。

1-3 記憶クラス

- 記憶クラスの考え方について理解する
- auto、static 指定子について理解する

記憶クラスとは何か

C 言語の変数は、グローバル変数、ローカル変数などの種類がありますが、それらは、データが記憶される領域が異なります。その記憶領域のことを、**記憶クラス**といいます。ここでは、変数の種類ごとの記憶クラスについて解説します。

記憶クラスは大きく分けて以下の 3 つに分けられます。

- **自動変数**
- **外部変数**
- **静的変数**

この節では、これらの変数と使い方について説明します。

自動変数

関数内部で宣言され、宣言された関数の中でのみ使用可能な変数のことを、**自動変数**といいます。自動変数は、頭に **auto（オート）指定子**を記述します。

Sample607/main.c
```
01 #include <stdio.h>
02 
03 int main(int argc, char** argv) {
04     auto int n = 100;    //  自動変数の宣言と初期化
05     printf("n=%d¥n", n);
06     return 0;
07 }
```

・実行結果

```
n=100
```

auto指定子は通常省略されているため、使用されることはまずないでしょう。自動変数は、スタック領域に記憶されます。この領域に記憶された変数は、関数の処理の終了とともにメモリから消去されます。

普段私たちが使っているローカル変数は、実は自動変数です。

外部変数

これに対し、関数外で定義され、定義以降のどの関数からでも使用可能な変数のことを**外部変数**といいます。通常使われるグローバル変数は、外部変数です。

初期化はプログラム開始処理の前に一度だけ行うことができます。明示的に初期化を行わない場合は、初期値は0になります。記憶される領域は、静的領域です。

Sample608/main.c

```
01 #include <stdio.h>
02 
03 int g = 10; //  外部変数の宣言
04 
05 void showExterns();
06 
07 int main(int argc, char** argv) {
08     //  値の表示
09     printf("main関数:g=%d¥n", g);
10     showExterns();
11     return 0;
12 }
13 
14 void showExterns() {
15     printf("showExtenrs関数:g=%d¥n", g);
16 }
```

・実行結果

```
main関数:g=10
showExtenrs関数:g=10
```

実行結果からわかるとおり、外部変数は、main関数、showExterns関数どちらからもアクセスできます。外部変数は、静的領域に記憶されているため、プログラム実行とともに生成され、プログラム終了とともに消えます。

静的変数

プログラム実行中に常に同じ場所に配置され、値を保持したいときには、**静的変数（せいてきへんすう）**を使います。この変数は、先頭に**static（スタティック）指定子**を付けます。静的変数は、グローバル変数としてもローカル変数としても利用することができますが、ここではローカル変数の場合の例を紹介します。

以下のプログラムを入力し、実行してみてください。

Sample609/main.c

```
01 #include <stdio.h>
02 
03 void showStatic();
04 
05 int main(int argc, char** argv) {
06     showStatic();
07     showStatic();
08     return 0;
09 }
10 
11 void showStatic() {
12     static int s = 100;    //  静的変数の宣言と初期化
13     printf("s=%d¥n", s);
14     s++;                   //  静的変数のインクリメント
15 }
```

● 実行結果

```
s=100
s=101
```

静的変数sは、宣言された関数の中でのみ使用可能であるという意味では、自動変数と一緒ですが、記憶される領域が静的領域であるというのが、この変数の特徴です。**静的変数はプログラム開始処理の前に、一度だけ初期化を行うことができます**。

静的変数sは、showStatic関数の中で定義され、12行目で宣言・初期化されています。値の代入が実行されるのは最初の1回だけで、2回目以降はこの処理が実行されることはありません。その証拠に、14行目で静的変数sのがインクリメントされるため、再びこの関数を呼び出すと、s の値は、101 になっています。これは、**静的変数が一度定義されたら、プログラム実行まで消えない**うえに、初期化が一度しか行われないからです。

● 静的変数sの値の変化のイメージ

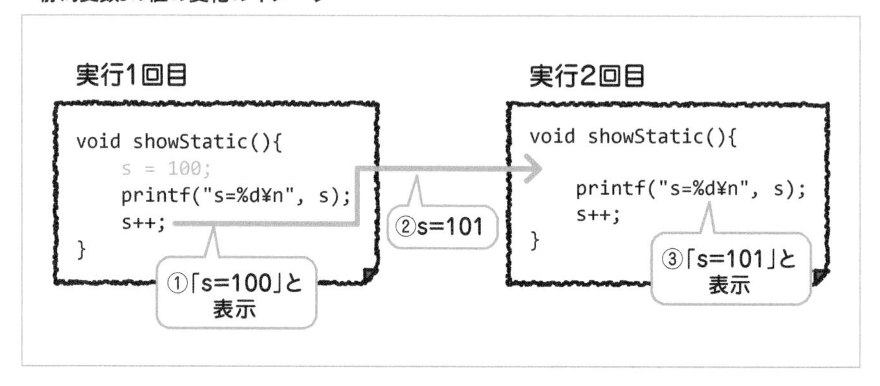

2 構造体

- 構造体の概念と使い方を理解する
- 構造体で多くのデータを扱う方法を学習する
- 構造体とポインタの関係性を理解する

2-1 構造体の概念と使い方

POINT

- 構造体の概念を学ぶ
- 構造体配列の使い方を学習する
- 構造体ポインタの使い方を学ぶ

構造体とは何か

プログラムがある程度複雑になってくると、1つの概念に対して複数の変数が割り当てられることがあります。例えば学校で学生のデータベースを作るとき、その学生の学生番号、名前、年齢といったデータをひとまとめにして扱うことになります。

そういったプログラムを作るとき、関連する変数がバラバラになっていると、取り扱いが非常に不便です。そこで便利なのが、**構造体（こうぞうたい）**という概念です。構造体とは**複数の変数をひとまとめにするもの**です。

構造体テンプレートの定義

例えば、学生番号を表す整数型の変数 id、名前を表す文字列 name、年齢を表す整数型の変数 age をひとまとめにして構造体にすると、次のようになります。

・構造体テンプレートの定義

```
struct student{
    int id;              //  学生番号
    char name[256];      //  名前
    int age;             //  年齢
};
```

このような、構造体の定義を**構造体テンプレート**といいます。**struct**が、構造体を表すキーワードであり、そのあとのstudentが構造体の名前になります。 構造体の名前は自由に付けることができます。{ }の中に、ひとまとめにする変数を定義します。**最後は;（セミコロン）で終了**します。

構造体を構成するid、name、ageという各要素のことは、**メンバ**といいます。

この構造体を実際に使用するには、以下のようにすると、dataという名前の構造体変数として定義できます。

・構造体変数の定義

```
struct student data;
```

このように構造体変数は、intやdoubleといった基本データ型の変数と違い、先頭に構造体であることを示すstructを付ける必要があります。

構造体の基本的な使い方

これらを踏まえ、実際に簡単な構造体を使ったサンプルを作ってみましょう。以下のサンプルを入力し実行してください。

Sample610/main.c

```
01 #include <stdio.h>
02 #include <string.h>
03 
04 //  学生のデータを入れる構造体
05 struct student {
06     int id;              //  学生番号
07     char name[256];      //  名前
08     int age;             //  年齢
09 };
10 
```

```
11 int main(int argc, char** argv) {
12     //  構造体変数の宣言
13     struct student data;
14     //  メンバに値を代入
15     data.id = 1;                    //  学生番号:1
16     strcpy(data.name, "山田太郎");    //  名前:山田太郎
17     data.age = 18;                  //  年齢:18
18     //  データの内訳を表示
19     printf("学生番号:%d 名前:%s 年齢:%d¥n"
20         , data.id, data.name, data.age);
21     return 0;
22 }
```


● 実行結果

```
学生番号:1 名前:山田太郎 年齢:18
```

このサンプルの13行目で構造体変数dataを宣言しています。

メンバに値を代入しているのが、15～17行目です。**構造体変数の各メンバには「.」を使ってアクセスします**。構造体変数dataのidを取得したい場合には、data.idとします。この値はidがint型であることから、int型の変数として扱うことができます。

同様に、data.nameで名前をchar型の配列変数として、data.ageをint型の変数として扱うことが可能です。以上が、基本的な構造体の使用方法です。

構造体の配列

実際に、構造体を使うケースは、複数のデータを扱うことが普通です。そこで、次は構造体の配列を使い、複数のデータを扱うサンプルを見てみましょう。

Sample611/main.c

```
01 #include <stdio.h>
02 #include <string.h>
03 
04 //  学生のデータを入れる構造体
05 struct student {
06     int id;             //  学生番号
07     char name[256];     //  名前
08     int age;            //  年齢
09 };
10 
11 //  構造体の名前をtypedefで定義
```

```
12 typedef struct student student_data;
13
14 int main(int argc, char** argv) {
15     int i;
16     student_data data[] = {
17         { 1,"山田太郎",18 },
18         { 2,"佐藤良子",19 },
19         { 3,"太田隆",18 },
20         { 4,"中田優子",18 }
21     };
22     //  データの内訳を表示
23     for (i = 0; i < 4; i++) {
24         printf("学生番号:%d 名前:%s 年齢:%d¥n"
25             , data[i].id, data[i].name, data[i].age);
26     }
27     return 0;
28 }
```

実行結果

```
学生番号:1 名前:山田太郎 年齢:18
学生番号:2 名前:佐藤良子 年齢:19
学生番号:3 名前:太田隆 年齢:18
学生番号:4 名前:中田優子 年齢:18
```

typedefとstruct

構造体の配列変数について説明する前に、以下の処理について説明しましょう。

構造体名の変更

```
typedef struct student student_data;
```

typedef は、**既存の型に新しい名前（別名）を付ける**ためのキーワードで、このプログラムの場合、student という構造体を student_data という名前に変更するということを意味します。

再定義した構造体でのデータの定義

```
student_data s;
```

このように、**先頭に struct キーワードを付けることなく、構造体変数を定義することが可能**です。

次に、構造体変数への値の代入ですが、初期値の設定の場合、16 ～ 21 行目のように、通常変数と同じように { } を使って値を一度に複数定義することができます。

外側の { } の中に、定義する値の数だけ、{ } でメンバを定義して、間を「,」で区切ります。メンバの値の定義は、構造体で定義されている並び順に正しく代入する必要があります。

● 構造体の配列の初期化

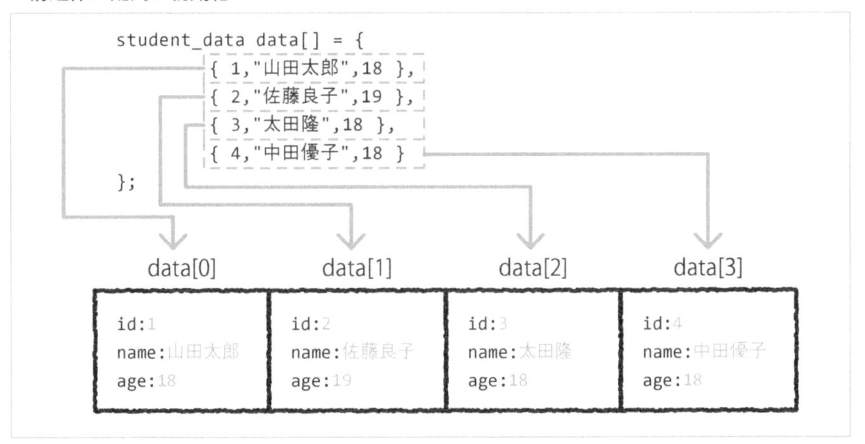

23 ～ 26 行目の for ループでこれらを表示しています。

構造体のポインタ

構造体とポインタの使い方について説明していきましょう。

以下のプログラムは、前のサンプルと同じ処理を、ポインタを使った処理に書き換えたものです。少し長いですが、入力して実行してみてください。

Sample612/main.c

```
01 #include <stdio.h>
02 #include <string.h>
03 
04 //  学生のデータを入れる構造体
05 typedef struct {
06     int id;             //  学生番号
07     char name[256];     //  名前
08     int age;            //  年齢
```

```
09 }student_data;
10 
11 //  構造体のデータを表示する関数
12 void setData(student_data*, int, char*, int);
13 void showData(student_data*);
14 
15 int main(int argc, char** argv) {
16     student_data data[4];
17     int i;
18     int id[] = { 1,2,3,4 };
19     char name[][256] = {"山田太郎","佐藤良子","太田隆","中田優子"};
20     int age[] = { 18,19,18,18 };
21     //  データの設定
22     for (i = 0; i < 4; i++) {
23         setData(&data[i], id[i], name[i], age[i]);
24     }
25     //  データの内訳を表示
26     for (i = 0; i < 4; i++) {
27         showData(&data[i]);
28     }
29     return 0;
30 }
31 //  データのセット
32 void setData(student_data* pData,int id,char* name,int age) {
33     pData->id = id;                     //  idのコピー
34     strcpy(pData->name, name);     //  名前のコピー
35     pData->age = age;                 //  年齢のコピー
36 }
37 //  データの表示
38 void showData(student_data* pData) {
39     printf("学生番号:%d 名前:%s 年齢:%d¥n",
40          pData->id, pData->name, pData->age);
41 }
```

実行結果は、前のサンプルと同じなので省略します。まずは5～9行目を見てください。

• 構造体テンプレートの定義と、名前の変更の一括処理

```
typedef struct{
    int id;            //  学生番号
    char name[256];    //  名前
    int age;           //  年齢
}student_data;
```

この処理を行うと、構造体テンプレートの定義と、名前の変更が同時にできます。したがって、16行目のように、struct キーワード抜きで構造体変数を定義できます。

• struct抜きで配列変数の定義

```
student_data data[4];
```

アロー演算子

次に、本題である構造体のポインタの変数について説明しましょう。通常の構造体変数では、メンバにアクセスするのに「.」を使いますが、ポインタ変数の場合は、「->(アロー演算子)」を使います。

• 通常の構造体とポインタの構造体（student_data）

	通常の構造体	ポインタの構造体
定義	student_data data;	student_data* pData;
メンバ	data.id data.name data.age	pData->id pData->name pData->age

setData 関数、showData 関数では、ポインタ形式でデータが渡ってきます。そのため、33 ～ 35 行目と 40 行目でアロー演算子が使われています。ここで、値の表示およびデータの代入が行われています。

setData 関数は、引数として与えられた student_data の構造体のアドレスをポインタ pData に代入し、pData のメンバに、引数として与えられた id、name、age をコピーしています。

すると、その値は引数として与えられた構造体に反映されます。

・setData関数の働き

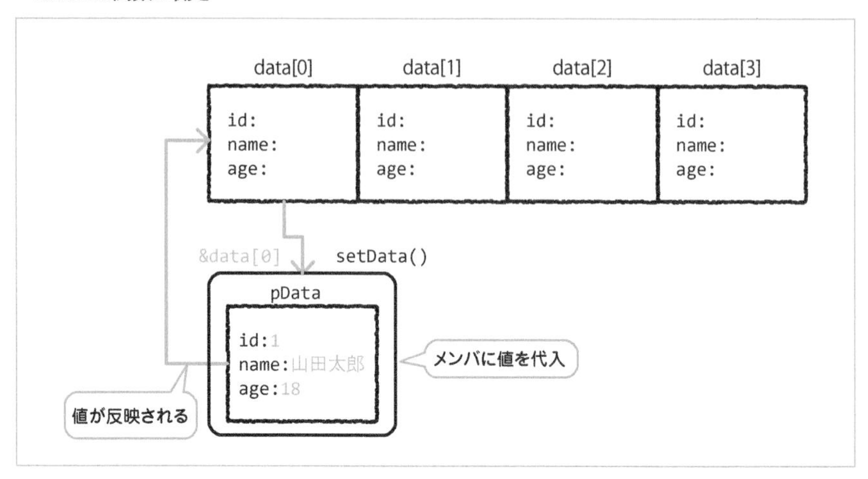

showData関数は、引数として与えられたstudent_dataの構造体のアドレスをポインタpDataの値で表示します。

・showData関数の働き

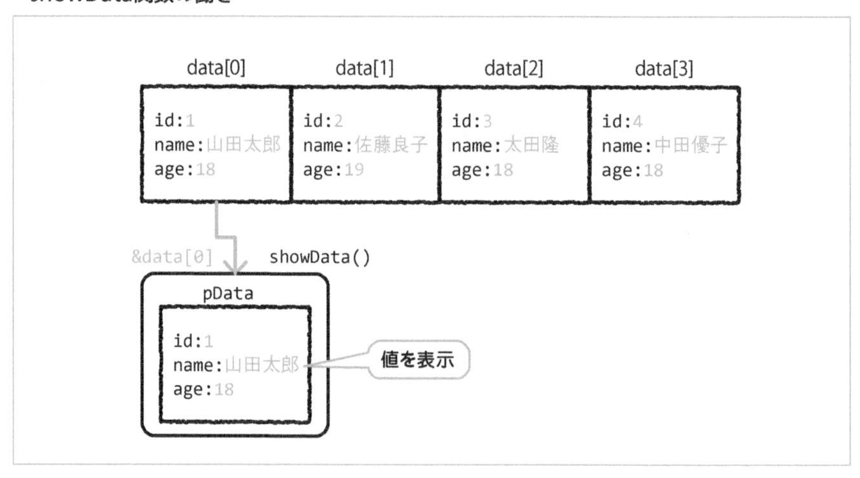

構造体のポインタ渡しと値渡し

基本データ型の変数や配列変数のように、構造体もしばしば関数の引数として使われます。この際、気を付けなくてはならない点があります。

まずは、以下のサンプルを入力・実行してみてください。

Sample613/main.c

```
01 #include <stdio.h>
02 
03 //  データを入れる構造体
04 typedef struct {
05     int a;
06     double d;
07 }num_data;
08 
09 //  二種類の値設定関数
10 void dealData1(num_data data);      //  値渡し
11 void dealData2(num_data* pData);    //  ポインタ渡し
12 
13 int main(int argc, char** argv) {
14     num_data n1 = { 1, 1.2f }, n2 = { 1, 1.2f };
15     printf("n1のアドレス:0x%x n2のアドレス:0x%x¥n", &n1, &n2);
16     dealData1(n1);
17     dealData2(&n2);
18     printf("n1.a = %d n2.d = %f¥n", n1.a, n1.d);
19     printf("n2.a = %d n2.d = %f¥n", n2.a, n2.d);
20     return 0;
21 }
22 
23 void dealData1(num_data data) {
24     printf("a=%d f=%f¥n", data.a, data.d);
25     printf("dealData1に渡ってきたデータのアドレス:0x%x¥n",&data);
26     //  値の変更
27     data.a = 2;
28     data.d = 2.4;
29 }
30 
31 void dealData2(num_data* pData) {
32     printf("a=%d f=%f¥n", pData->a, pData->d);
33     printf("dealData2に渡ってきたデータのアドレス:0x%x¥n",pData);
34     //  値の変更
35     pData->a = 2;
36     pData->d = 2.4;
37 }
```

● 実行結果（アドレスは実行環境によって異なる）

```
n1のアドレス:0x115fc8c n2のアドレス:0x115fc74
a=1 f=1.200000
dealData1に渡ってきたデータのアドレス:0x115fb94
a=1 f=1.200000
dealData2に渡ってきたデータのアドレス:0x115fc74
n1.a = 1 n2.d = 1.200000
n2.a = 2 n2.d = 2.400000
```

このプログラムには2つの関数が定義されています。1つ目のdealData1関数では、引数として構造体num_dataそのものを渡しています。これが構造体の値渡しです。

もう1つのdealData2関数は、引数としてnum_dataのポインタ渡しをしています。

これらの関数はいずれも、引数として渡された構造体変数のメンバの値とアドレスを表示するとともに、メンバの値を変更しています。

実行結果を見ると、値渡しであるdealData1関数に渡った引数のアドレスはもとのアドレスとは異なります。

ポインタ渡しのdealData2関数の場合は、同じアドレスとなります。そのため、dealData1関数では、値の変更を行っても、main関数には反映されませんが、dealData2関数の場合は、**アドレスが同じであることから、値の変更が反映されます。**

構造体の値渡しの問題点

通常、引数として構造体を渡す場合には、ポインタ渡しを使うのが一般的です。その理由は2つあります。

1つは、通常、構造体のデータのサイズは大きくなる傾向があり、引数としてそのままの値を渡すと、**スタック領域を圧迫してしまったり、データのコピーという無駄な処理が起こり、リソースを無駄にしてしまうからです。**

そしてもう1つの理由は、**ポインタ渡しであれば、関数の中でメンバの値の設定などができるからです。**値渡しでは、前述のようにコピーが発生するうえに、引数として渡ってきた構造体のデータを変更しても、呼び出しもとの値に反映されません。

● 構造体の値渡しとポインタ渡し

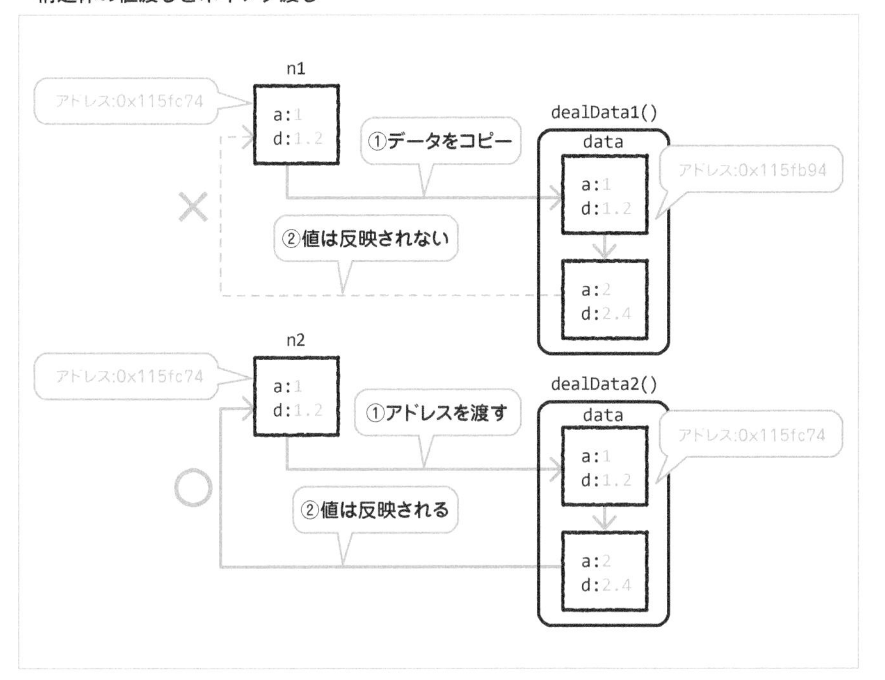

以上のような理由から、構造体を関数の引数として渡す場合は、ポインタ渡しを使うのが一般的なのです。

重要

構造体を関数の引数にする場合には、ポインタ渡しが基本です。

例題 6-3 ★★☆

以下の構造体は 2 次元座標上の点を表すものである。

点を表す構造体

```
//  2次元座標の構造体
typedef struct{
    double x;    //  x座標
    double y;    //  y座標
} Point2D;
```

この構造体を使って、2 次元空間上の 2 つの点 A(-1,0) と B(2,1) の 2 点の距離を求めるプログラムを作りなさい。なお、このとき 2 点の距離を扱うために、以下の関数を使うこと。

関数の仕様

```
double distance2D(Point2D* p1,Point2D* p2)
```

関数名	引数	戻り値
distance2D	p1、p2（2次元空間上の2つの点）	double型（p1、p2の距離）

期待される実行結果

```
p1(-1.000000,0.000000),p2(2.000000,1.000000)間の距離は3.162278です。
```

解答例と解説

2 次元空間上の 2 点 p1、p2 の距離は以下の公式で得ることができます。

p1、p2の距離

```
p1、p2の距離 = (p1.x - p2.x)^2 + (p1.y - p2.y)^2の平方根
```

したがって、distance2D 関数の中では、この公式に則って値を計算し、戻り値とすればよいのです。

● p1、p2の二次元空間上の位置と距離

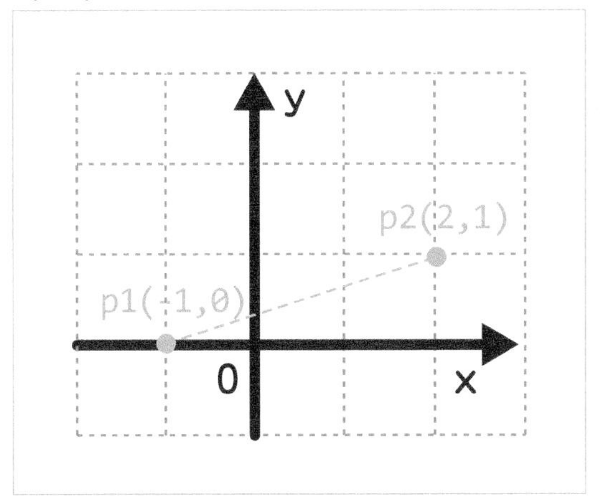

まず、main 関数の中で、p1、p2 の初期値を設定しています。

通常、この処理は以下のようにするのが普通です。

```
Point2D p1,p2;
p1.x = -1.0;
p1.y = 0.0;
p2.x = 2.0;
p2.y = 1.0;
```

しかし、このやり方だとプログラムが長くなってしまいます。そのため、後述する15 行目のように { } で記述することにより、一度で x、y の成分を同時に設定してしまうことができます。

続いて、distance2D 関数では距離を計算していますが、引数の p1、p2 がポインタなので、メンバの取得にアロー演算子を用いてます。

最後にこの関数で得られた戻り値が距離となるので、それを表示してプログラムを終了します。

Example603/main.c

```
01 #include <stdio.h>
02 #include <math.h>
03 
04 //  2次元座標の構造体
```

```
05 typedef struct {
06     double x;     //  x座標
07     double y;     //  y座標
08 } Point2D;
09
10 //  2点間の距離を求める関数
11 double distance2D(Point2D*, Point2D*);
12
13 int main(int argc, char** argv) {
14     //  p1,p2の2点間の座標設定
15     Point2D p1 = { -1.0,0.0 }, p2 = { 2.0,1.0 };
16     double d = distance2D(&p1, &p2);
17     printf("p1(%lf,%lf),p2(%lf,%lf)間の距離は%lfです。¥n"
18         , p1.x, p1.y, p2.x, p2.y, d);
19     return 0;
20 }
21
22 double distance2D(Point2D* p1, Point2D* p2) {
23     double diff_x = p1->x - p2->x;
24     double diff_y = p1->y - p2->y;
25     double distance = sqrt(diff_x * diff_x + diff_y * diff_y);
26     return distance;
27 }
```

3 練習問題

正解は 340 ページ

問題 6-1 ★☆☆

コマンドライン引数として与えた整数を合計して表示するプログラムを作りなさい。

● **期待される実行結果（コマンドライン引数に「1 2 3 4 5」を設定した場合）**

```
1 2 3 4 5
合計:15
```

問題 6-2 ★☆☆

malloc 関数を使って int 型の 10 個分のメモリを確保し、その中の成分 0 ～ 9 に、それぞれ 1 ～ 10 の値を代入して表示しなさい。表示が終わったあとは、free 関数でメモリを解放しなさい。

● **期待される実行結果**

```
1 2 3 4 5 6 7 8 9 10
```

問題 6-3 ★☆☆

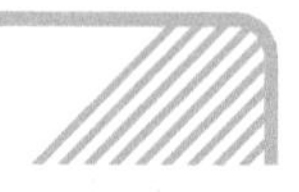

例題 6-3 に以下の変更を加えて、3 次元空間の 2 点(-1.0,0.0,2.0)から(2.0,1.0,-1.0)までの距離を求めるプログラムに書き換えなさい。

① Point2D に新たに z 軸の成分であるメンバ z を加え、名前も Point3D に改める。

② 2 点間の距離を求める関数の名前も、それに合わせて distance3D に変更する。

- **期待される実行結果**

```
p1(-1.000000,0.000000,2.000000),p2(2.000000,1.000000,-1.000000)間の
距離は4.358899です。
```

7日目

覚えておきたい知識

1. ファイル操作
2. 複雑なソースコード分割
3. ソートアルゴリズム
4. 練習問題

1 ファイル操作

- ファイルの読み書きを行う方法について学習する
- テキストファイル・バイナリファイルの違いについて理解する
- ファイル操作の関数の使い方を理解する

1-1 テキストファイルの読み書き

- テキストファイルを読み書きをする方法を学習する
- テキストファイルの操作に関するさまざまな関数を活用する

テキストファイルの書き込み

ここでは、C言語によるファイルの読み書きについて学ぶこととしましょう。まずはファイルの種類について簡単に説明します。以下の表を見てください。

● ファイルの種類

ファイルの種類	内容	例
テキストファイル	文字として読めるデータ	.txtファイル、.cファイル、.htmlファイルほか
バイナリファイル	文字として読めないデータ（画像や音声など）	.pngファイル、.wavファイルほか

ファイルには大きく分けて、**テキストファイル**と**バイナリファイル**が存在します。C言語でこれらのファイルを扱う方法は、基本的な部分に変わりはありませんが、最初は扱いやすいテキストファイルを扱う方法から説明します。

テキストファイルの書き込み

ファイル操作の手始めとして、まずは最も基本的な処理であるテキストファイルの出力のサンプルを見てみましょう。Cドライブ直下に"test"フォルダを作成してから、以下のプログラムを入力・実行してください。

Sample701/main.c

```
01 #include <stdio.h>
02 #include <stdlib.h>
03 
04 int main(int argc, char** argv) {
05     // ファイルポインタ(出力用)
06     FILE* file;
07     // ファイルを書き込み用にオープン(開く)
08     file = fopen("c:¥¥test¥¥sample.txt", "w");
09     if (file == NULL) {
10         // オープンに失敗した場合エラーメッセージを出す
11         printf("ファイルが開けません。¥n");
12         // 異常終了
13         return 1;
14     }
15     // ファイルにデータを書き込む
16     fprintf(file, "Hello World.¥n");
17     fprintf(file, "ABCDEF¥n");
18     // ファイルをクローズ(閉じる)
19     fclose(file);
20     return 0;
21 }
```

プログラムを実行しても、画面上に大きな変化は現れません。しかし、testフォルダを開くと、「sample.txt」というファイルが存在し、中を見ると、下記のように記述されているはずです。

● sample.txtの中身

```
Hello World.
ABCDEF
```

では、いったいなぜこのようになるのか、順を追って説明していきましょう。

まず、6行目で、ファイルのポインタを宣言しています。これは、ファイルを操作するときには必ず必要になるポインタです。

・ファイルポインタの宣言

```
FILE* file
```

ファイルのオープン

ファイル操作を行うにあたり、最初に行わなくてはならないのが、ファイルのオープンです。このサンプルでは8行目で、ファイルのオープン処理を行っています。

ファイルのオープンは、**fopen関数**を使いますが、書式は以下のとおりです。

・ファイルオープンの関数

関数	書式	意味
fopen	fopen(ファイル名,モード);	ファイルを、指定したモードで開く。戻り値が、ファイルのポインタ

このプログラムの場合、「c:¥test」フォルダ内にある、「sample.txt」というファイルを開くことになります。なお、プログラムの中で第1引数のファイル名の指定は以下のように「¥」が2つ記述されています。

・c:¥test¥sample.txtの指定方法

```
c:¥¥test¥¥sample.txt
```

これは、" "で囲まれている中では、¥マークはエスケープシーケンスの始まりを表す記号であるため、**文字としての「¥」を表すためには2重に記述する**必要があるからです。

第2引数のモードにあたる"w"は、書き込み（write）を意味します。なお、fopenのモードには、以下のものがあります。

・fopen関数のモード

モード	機能	ファイルが存在しないとき
r	テキストデータの読み込み	エラーになる
w	テキストデータの書き込み	ファイルを新規作成する
a	テキストデータへの追加書き込み	ファイルを新規作成する
r+	テキストデータを更新モードで開く(書き込み・読み込み共に可)	エラーになる
w+	テキストデータを更新モードで開く(書き込み・読み込み共に可)	ファイルを新規作成する

モード	機能	ファイルが存在しないとき
a+	テキストデータを更新モードで開く（追加書き込み）	ファイルを新規作成する
rb	バイナリデータの読み込み	エラーになる
wb	バイナリデータの書き込み	ファイルを新規作成する
ab	バイナリデータへの追加書き込み	ファイルを新規作成する
rb+/r+b	バイナリデータを更新モードで開く（書き込み・読み込み共に可）	エラーになる
wb+/w+b	バイナリデータを更新モードで開く（書き込み・読み込み共に可）	ファイルを新規作成する
ab+/a+b	バイナリデータを更新モードで開く（追加書き込み）	ファイルを新規作成する

この表からわかるとおり、このサンプルではテキストファイルを書き込みモードで開いています。このときファイルのオープンが失敗すると、戻り値にNULLが返されます。すると、異常終了の処理に入ります。

また、ファイルのオープンに成功すると、fileにファイルポインタが渡されます。今後、開かれたファイルに対するアクセス（書き込み・読み込みなど）をするには、このポインタが必要になります。

◎ ファイルの書き込み

このプログラムは、ファイルへ書き込むプログラムなので、次は書き込み処理となります。まず、書き込み処理の関数を見てみましょう。

● ファイルへの書き込み処理関数

関数	書式	意味
fprintf	fprintf(ファイルポインタ,書き込み文字列,変数・・・);	文字列をファイルに書き込む

fprintf関数は、画面に文字を出力するprintf関数と似ています。違いは、第1引数にファイルポインタが入っている点です。このサンプルでは、16、17行目で「Hello World.」「ABCDEF」を書き込んでいます。

◎ ファイルのクローズ

ファイル書き込みの一連の処理が終わったら、ファイルを閉じます。ファイルを閉じるのはfclose関数です。書式は次のとおりです。

- ファイルのクローズ関数

関数	書式	意味
fclose	fclose(ファイルポインタ);	指定したファイルポインタのファイルを閉じる

これで、ファイルをオープンしてから、書き込み、クローズまでの一連の処理がわかりました。次は、書き込んだファイルを読み込んでみましょう。

テキストファイルの読み込み

前のサンプルで書き込んだファイルを読み込み、画面に表示するプログラムを作ってみましょう。以下のサンプルを実行してみてください。

Sample702/main.c

```
01 #include <stdio.h>
02 #include <stdlib.h>
03 
04 #define SIZE    256
05 
06 int main(int argc, char** argv) {
07     // ファイルポインタ(読み込み用)
08     FILE* file;
09     // 読み込む行
10     char line[SIZE];
11     // 初期化(空文字列)
12     line[0] = '¥0';
13     // ファイルを読み込み用にオープン(開く)
14     file = fopen("c:¥¥test¥¥sample.txt", "r");
15     if (file == NULL) {
16         // 失敗した場合エラーメッセージを出して異常終了
17         printf("ファイルが開けません。¥n");
18         return 1;
19     }
20     // ファイルのデータ読み込む
21     while (fgets(line, SIZE, file) != NULL) {
22         printf("%s", line);
23     }
24     // ファイルをクローズ(閉じる)
25     fclose(file);
26     return 0;
27 }
```

・実行結果

```
Hello World.
ABCDEF
```

実行結果からわかるとおり、このプログラムによって、さきほど書き込まれたsample.txt が読み込まれ、その内容が表示されます。ファイル読み込み時も、ファイルをオープンし、クローズするという一連の流れは変わりません。違いは、オープン時にモードが "r" になっていることぐらいです。

ファイルの読み込み処理

また、ファイルからデータを読み出す関数は複数ありますが、ここではテキストデータを 1 行読み出す fgets 関数を使いました。以下に、関数の説明を書きます。

・ファイルを読み込む関数

関数	書式	意味
fgets	fgets(文字列,文字列サイズ,ファイルポインタ);	指定したサイズの文字列をファイルから読み込む

ここでいう文字列は、最初の引数として指定した文字列のサイズのことです。読み込みが成功すれば、これと同じ値が返ってきます。

読み込みが失敗したり、最後まで読みきった場合は、NULL が返ってくるので、このプログラムでは、NULL が返ってくるまで読み込みを行い、表示するという処理をwhile ループで行っています。

このプログラムで、文字列を入れる配列 line は、256 という長さをとっています。気をつけなくてはならないのは、実際の文字列で 1 行の最大の文字列がこの値を超えてしまう場合もあるということです。このプログラムでも、実際はせいぜい 10 文字前後の文字列を読み込むのに、不必要なまでに大きなサイズの文字列を取っているのはそのためです。

1 文字ごとのファイルの読み込み

しかし、それでもファイルの 1 行のサイズが、用意された文字列のファイルのサイズを超えてしまうことも想定されます。そこで、次に、1 行ごとではなく 1 文字ずつファイルを読み込んで表示する方法を紹介しましょう。

Sample703/main.c

```
01 #include <stdio.h>
02 #include <stdlib.h>
03
04 int main(int argc, char** argv) {
05     //  ファイルポインタ(読み込み用)
06     FILE* file;
07     //  読み込む文字のコード
08     int c;
09     //  ファイルを読み込み用にオープン(開く)
10     file = fopen("c:¥¥test¥¥sample.txt", "r");
11     if (file == NULL) {
12         //  オープンに失敗した場合異常終了
13         printf("ファイルが開けません。¥n");
14         return 1;
15     }
16     //  ファイルのデータ読み込む
17     while ((c = fgetc(file)) != EOF) {
18         printf("%c", (char)c);
19     }
20     //  ファイルをクローズ(閉じる)
21     fclose(file);
22     return 0;
23 }
```

実行結果は、前のサンプルと同じなので省略します。このプログラムでは、**fgetc関数**を使って1字ずつ文字を取得し、それを表示しています。変数cには文字コードが入るので、printf関数では文字列ではなく、**文字の表示を表す'%c'を使い、さらにchar型でキャストして文字として表示**しています。

17行目のfgetc関数を実行すると、先頭から順次にファイルを読み込んでいきます。この行ではこの関数の戻り値を変数cに代入しています。文字が読み込めれば、変数cが文字コードとなっていますが、ファイルの最後まで到達すると、**EOF**が返ってきます。**EOFはファイル終了を表すマクロ**で、数値としては-1と同等でありstdio.h内で定義されています。

したがって、このプログラムでは、EOFが出現するまでファイルを読み続け、表示することにより、読み込んだファイル がすべて表示される仕組みになっています。

- ファイルデータの読み込み処理

②cがEOF以外ならループの処理を続行する

```
while ((c = fgetc(file)) != EOF) {
  …
}
```

①ファイルを1文字分を読み取り、
コードを変数cに代入

なお、fgetc関数の概要は以下のとおりです。

- fgetc関数

関数	書式	意味
fgetc	fgetc(ファイルポインタ);	指定したテキストファイルから1文字読み込む。戻り値が文字コード。EOFが終了

なお、fgets関数とfgetc関数の違いは次のようになります。

- fgetc関数とfgets関数の違い

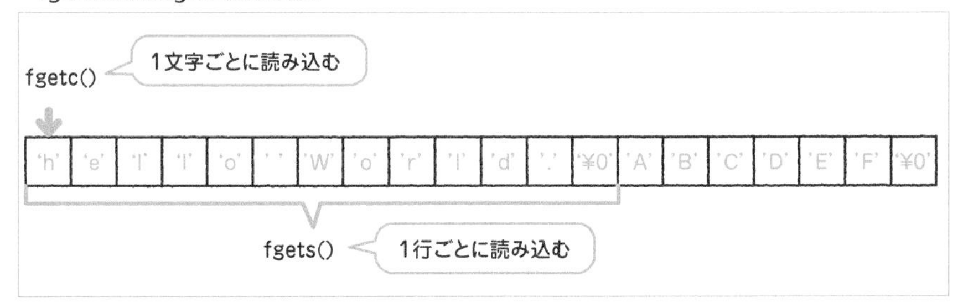

1-2 バイナリファイルの読み書き

- バイナリファイルを読み書きをする方法を学習する
- バイナリファイルの操作に関するさまざまな関数を活用する

バイナリファイルの書き込みと読み込み

続いては、バイナリファイルの読み書きについて説明していきます。

まずは、ファイルの書き込みから行いましょう。テキストファイルの場合と同様に、c ドライブ直下の test フォルダにファイルを書き込みます。

次のサンプルはファイルの書き込みと読み込みの両方の処理を行うサンプルです。入力し、実行してください。

Sample704/main.c

```
01 #include <stdio.h>
02 #include <stdlib.h>
03 
04 int main(int argc, char** argv) {
05     FILE* file;
06     int i;
07     // 書き込むデータ
08     char wdata[] = { 0x10 , 0x1a , 0x1e , 0x1f };
09     char rdata[4];
10     // バイナリデータの書き込み
11     file = fopen("C:¥¥test¥¥test.bin", "wb");
12     if (file == NULL) {
13         printf("ファイルオープンに失敗しました。¥n");
14         return 1;
15     }
16     fwrite(wdata, sizeof(char), sizeof(wdata), file);
17     fclose(file);            // ファイルをクローズ(閉じる)
18     // バイナリデータの読み込み
19     file = fopen("C:¥¥test¥¥test.bin", "rb");
20     if (file == NULL) {
21         printf("ファイルオープンに失敗しました。¥n");
22         return 1;
```

```
23      }
24      fread(rdata, sizeof(char), sizeof(rdata), file);
25      fclose(file);          //  ファイルをクローズ(閉じる)
26      //  結果を表示
27      for (i = 0; i < sizeof(rdata); i++) {
28          printf("%x ", rdata[i]);
29      }
30      printf("¥n");
31      return 0;
32  }
```

・実行結果

```
10 1a 1e 1f
```


バイナリファイルの書き込み

書き込むためのデータは8行目で定義しています。

・書き込みのためのファイル

```
char wdata[] = { 0x10 , 0x1a , 0x1e , 0x1f };
```

データの先頭についている「0x」は16進数を意味するものです。配列wdataは16進数で記述された4つの整数です。

11～17行目は、ファイルへデータを書き込んでいます。fopen関数でファイルを開くのは同じですが、**モードを "wb" に指定していることから、バイナリモードでの書き込み**となります。書き込み対象のファイルはcドライブ直下のtestフォルダ内にあるtest.binです。

さらに**fwrite関数**で、配列wdataのデータを書き込みます。

・fwrite関数

関数	書式	意味
fwrite	fwrite(データ,ファイル要素1つ当たりの大きさ,要素の数,ファイルポインタ);	指定したデータをファイルに書き込む

ここではchar型の配列wdataのデータを書き込むので、処理は次のようになります。

・fwrite関数による書き込み

```
fwrite(wdata, sizeof(char), sizeof(wdata), file);
```

データは、char型の配列wdataのデータを書き込んでいます。データのバイト数に、char型のサイズのバイト数を表すsizeof(char)、データの数に、配列rdataの大きさを指すsizeof(rdata)を指定します。

最後は、fclose関数でファイルを閉じて、書き込みが終了します。

バイナリファイルの読み込み

次に、19～25行目でデータを読み込みます。fopen関数でファイルを開きますが、今度は**バイナリファイルの読み込みなので、モードに"rb"を指定**します。バイナリモードでの読み込みは、**fread関数**を使います。

・fread関数

関数	書式	意味
fread	fread(データ,ファイル要素1つ当たりの大きさ,要素の数,ファイルポインタ);	ファイルから読み込んだ情報をデータに書き込む

ここでの処理は次のようになります。

・fread関数による読み込み

```
fread(rdata, sizeof(char), sizeof(rdata), file);
```

ここでは、char型の配列rdataに値を読み込んでいます。最後はfclose関数でファイルを閉じて終了です。rdataはchar型の要素数4の配列です。

そのあと、読み込んだ配列rdataを表示していますが、実行結果から、配列wdataと同じ内容になっていることがわかります。

サイズのわからないバイナリファイルの読み込み

ここまでバイナリファイルの基本的な読み書きの説明をしました。しかし、ここには大きな問題点があります。バイナリファイルに限ったことではありませんが、ファイルは書き込むときは比較的に簡単ですが、読み込むときには大きな問題があります。読み込みたいファイルの大きさがわからないということです。

そういったときには、ファイルの大きさを先に取得し、その分のメモリを確保してからデータを読み込みます。まずは、以下のサンプルを入力し実行してみてください。

Sample705/main.c

```
01 #include <stdio.h>
02 #include <stdlib.h>
03 
04 int main(int argc, char** argv) {
05     FILE* file;
06     int i, size;
07     // 読み込むデータ
08     char* rdata;
09     // バイナリデータの読み込み
10     file = fopen("C:¥¥test¥¥test.bin", "rb");
11     if (file == NULL) {
12         printf("ファイルオープンに失敗しました。¥n");
13         return 0;
14     }
15     // ファイルの最後までシーク
16     fseek(file, 0, SEEK_END);
17     // ファイルの大きさを取得
18     size = ftell(file);
19     // メモリのサイズだけ、配列を動的に生成
20     rdata = (char*)malloc(sizeof(char) * size);
21     // ファイルの最初にポインタを戻す
22     fseek(file, 0, SEEK_SET);
23     fread(rdata, sizeof(char), size, file);
24     // ファイルをクローズ(閉じる)
25     fclose(file);
26     // 結果を表示
27     for (i = 0; i < size; i++) {
28         printf("%x ", rdata[i]);
29     }
30     printf("¥n");
31     // メモリ解放
32     free(rdata);
33     return 0;
34 }
```

このサンプルは、前のサンプルで書き込まれた「test.bin」を読み出して表示するプログラムです。

◎ ファイルのサイズの取得

実行結果は同じなので省略します。ここで使われている fseek 関数および ftell 関数は、ファイルの位置を指定する関数です。仕様は以下のとおりです。

● fseek、ftell関数の仕様

関数	書式	意味
fseek	fseek(ファイルポインタ,移動バイト数,開始位置);	ファイルを開始位置から、移動バイト数だけ移動する
ftell	ftell(ファイルポインタ);	現在のファイル位置の値をバイト数で返す

この 2 つの関数は、よくセットで使用されます。なお、fseek 関数で指定される開始位置は、以下のとおりです。

● fseek関数で使われる開始位置

開始位置の定数	意味
SEEK_SET	ファイルの先頭
SEEK_CUR	ファイルの現在位置
SEEK_END	ファイルの終端

● fseek関数の開始位置

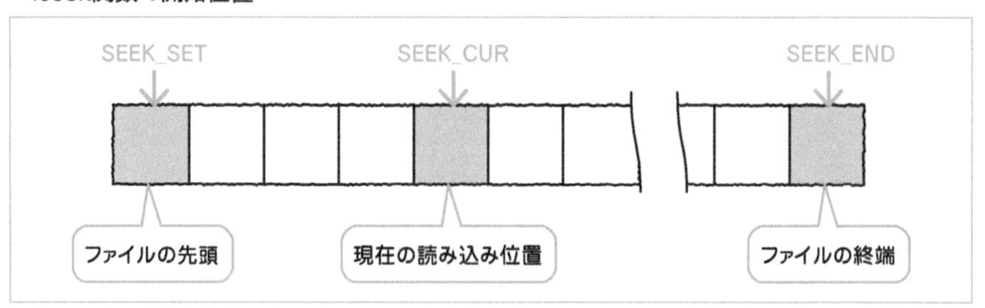

では、これをもとにプログラムを解説していきましょう。ファイルオープンまでの流れは前のサンプルと同じなので省略します。

まず、16 行目の fseek 関数で、ファイルの読み出し位置をファイルの終端にまで持っていきます。

次に、18 行目で ftell 関数を使って位置を取得しています。ファイルの読み出しの現在位置は終端にあるので、このとき得られる値はファイルの大きさのバイト数に相当します。そのため、この値を変数 size に代入します。

ファイルの読み込み

次に、この size をもとに、20 行目でデータを格納するメモリを確保し、22 行目で再び fseek 関数を使ってファイルの読み出し位置を先頭に戻し、23 行目でそのバイト数だけのデータを読み出します。

最後に 25 行目でファイルを閉じて、読み出したデータの結果を表示してから、32 行目で生成したメモリを開放し、プログラムを終了します。

画像データのように、大きさが一定しないデータを読み出すときは、この方法が便利です。なお、fseek 関数および ftell 関数は、テキストデータの読み出しのときにも使えます。

注意

ファイルを読み込む場合には、ファイルサイズに見合うメモリを確保して読み込む必要があります。

2 複雑なソースコード分割

- さまざまな要素が絡み合う複雑なソースコード分割の方法について学ぶ
- 列挙型や変数の隠蔽の方法について学ぶ
- ソースコード分割の原則について学習する

2-1 ソースコード分割再び

- 本格的なプログラムのソースコード分割の方法について学ぶ
- ソースコード分割の基本的な考え方について学習する

本格的なソースコード分割

C 言語でプログラムを作る際、プログラムがある程度長くなってくると、ソースコード分割を行う必要があるということは、4 日目で学びました。

そこで基本的な方法は説明してきましたが、プログラムが複雑になってくると、ファイル間の相関関係もまた、より複雑になってきます。ここでは、そういった複雑な要素の入り混じったソースコード分割について説明します。実際のサンプルでのソースコード分割を通して、その方法を学んでいきましょう。

分割前の長文のプログラムを作る

学生のデータベースに学生を登録し、登録した学生の一覧を表示するという簡単なプログラムを作成してみましょう。学生のデータは、学生の学生番号（整数）と名前（文字列）から成ります。登録に成功すると「OK!」と表示され、失敗すると「ERROR!」と表示されます。

・実行結果

```
登録:1 山田太郎
OK!
登録:2 太田美智子
OK!
登録:2 大山次郎
ERROR!
登録:3 山口さやか
OK!
学生番号:1 名前:山田太郎
学生番号:2 名前:太田美智子
学生番号:3 名前:山口さやか
```

少し長くなりますが、以下のプログラムを入力・実行してみてください。

Sample706/main.c（1～41行目）

```
01 #include <stdio.h>
02 #include <stdlib.h>
03 #include <string.h>
04 
05 //  データベースに登録できる学生の最大数
06 #define MAX_STUDENT 10
07 //  学生の名前の最大の長さ
08 #define LENGTH      50
09 //  エラーメッセージの文字列の最大の長さ
10 #define MESSAGE_LENGTH  256
11 
12 //  エラーメッセージ
13 enum ERROR {
14     MESSAGE_OK,
15     MESSAGE_ERROR
16 };
17 
18 //  学生のデータ
19 typedef struct {
20     int id;             //  学生番号
21     char name[LENGTH];  //  名前
22 }student;
23 
24 //  データベースに登録されている学生の数
25 int num_of_students = 0;
26 //  学生のデータ
27 student student_database[MAX_STUDENT];
28 //  エラー番号
```

```
29 int Error;
30 
31 //  データベースの初期化
32 void initDatabase();
33 //  データベースへのデータの登録(学生番号、名前)
34 int add(int, char*);
35 //  学生のデータの取得
36 student* get(int);
37 //  学生データの表示
38 void showStudentData(student*);
39 //  エラーの表示
40 void showError();
41 
```

◎ 定数の定義

学生の最大数、学生の名前の最大の長さ、エラーメッセージの最大の長さを、マクロで定数として定義します。

◎ 列挙型

13行目に出てくるenumは、**列挙型(れっきょがた)**といいます。例えば、日本語と違って英語では、月をJanuary、February……などといった、名前で定義しています。このように順序などのなんらかの秩序を持つ単語を定数として定義するときに使われます。

• enumの使用例①

```
enum GENDER{     //  性別の定義
  MALE,          //  男性(値は0)
  FEMALE,        //  女性(値は1)
};
```

このように、GENDER(性別)という名前で、MALE(男性)という定数と、FEMALE(女性)という定数が定義できます。値はそれぞれ、0、1になります。enumのあとにくるGENDERが列挙型であり、MALEやFEMALEといった定数が**列挙子(れっきょし)**といいます。列挙子の数値は通常、定義された順に、0、1、2……と自動的に割り振られます。

なお、以下のようにすると、列挙子に任意の定数を割り振ることができます。

・enumの使用例②

```
enum COLOR{    //  色の定義
  RED=1,       //  赤（値は1）
  BLUE=2,      //  青（値は2）
  GREEN=3,     //  緑（値は3）
};
```

列挙子は通常の整数の定数として扱うことが可能で、switch 文などと組み合わせて使われます。

学生データを登録する構造体

19 ～ 22 行目で学生データを登録する構造体 student が定義されています。

・構造体student

```
//  学生のデータ
typedef struct {
    int id;                //  学生番号
    char name[LENGTH];     //  名前
}student;
```

この構造体には学生の基本データである学生番号と、名前が登録できます。文字列の最大の長さは、LENGTH マクロで定義された 50 文字です。

使用されるグローバル変数

このプログラムでは、以下のグローバル変数が利用されます。

- **登録されている学生の数**

登録されている学生の数として、変数 num_of_students を用意しています。25 行目で定義されており、初期値は 0 です。学生の数が増えていけば、この数が増えていきますが、登録できる最大の学生数を表す MAX_STUDENT マクロ（=10）を超えることができません。

- **学生のデータ一覧**

student 型の配列である、student_database[MAX_STUDENT]; に実際のデータが登録されます。

- **エラー**

データベース使用時のエラーは、変数 Error に登録されます。

◎ main関数

続いてmain関数です。プログラムを実行すると、44行目のnamesに登録する名前の一覧を代入します。これらの学生の学生番号に相当するのが、46行目の行のint型の配列idです。

次に、47行目のinitDatabase関数でデータベースを初期化し、48～52行目でデータを登録します。データの登録はadd関数で行い、登録がうまくいったかどうかは、showError関数で表示します。

最後に53～55行目で登録したデータを表示してます。表示に利用するのはshowStudentData関数です。

Sample706/main.c（42～58行目）

```
42 int main(int argc, char** argv) {
43     int i;
44     char names[][LENGTH] =
45         { "山田太郎","太田美智子","大山次郎","山口さやか" };
46     int ids[] = { 1,2,2,3 };
47     initDatabase();
48     for (i = 0; i < 4; i++) {  //  データの登録
49         add(ids[i], names[i]);
50         printf("登録:%d %s¥n", ids[i], names[i]);
51         showError();
52     }
53     for (i = 0; i < 3; i++) {  //  登録したデータの出力
54         showStudentData(get(i + 1));
55     }
56     return 0;
57 }
58
```

◎ initDatabase関数

データベースの初期化処理を行う関数です。student_database配列のそれぞれの要素のidを-1に、文字列を空文字で初期化します。

また、登録された学生数の変数であるnum_of_studentsを0に、エラーメッセージをMESSAGE_OKで初期化します。

Sample706/main.c（59～69行目）

```
59 //  データベースの初期化
60 void initDatabase() {
```

```
61      int i;
62      for (i = 0; i < MAX_STUDENT; i++) {
63          student_database[i].id = -1;
64          strcpy(student_database[i].name, "");
65      }
66      Error = MESSAGE_OK;      //  エラーメッセージのクリア
67      num_of_students = 0;     //  登録された学生の数を0に初期化
68  }
69
```

add関数

データベースに学生のデータを登録します。引数として学生番号と名前を渡します。登録できる条件は、登録されている学生の数が MAX_STUDENT 未満である、かつ id が未使用かどうかです。id が未使用かどうかは、get 関数を利用して、戻り値が NULL かどうかで判定します。

登録に成功すると、num_of_students が 1 増え、Error に MESSAGE_OK が代入され、戻り値 1 が返されます。失敗すると、データが登録されず Error に MESSAGE_ERROR が代入され、戻り値 0 が返されます。

Sample706/main.c（70～85行目）

```
70  //  データベースへのデータの登録(学生番号、名前)
71  int add(int id, char* name) {
72      //  すでに登録されているidであれば、登録しない
73      if (get(id) == NULL && num_of_students < MAX_STUDENT) {
74          student_database[num_of_students].id = id;
75          strcpy(student_database[num_of_students].name, name);
76          num_of_students++;
77          Error = MESSAGE_OK;
78          //  登録できたら、1を返す
79          return 1;
80      }
81      Error = MESSAGE_ERROR;
82      //  登録できなければ、0を返す
83      return 0;
84  }
85
```

get関数

引数として学生番号を与え、該当する学生情報を student_database 配列の中から

探し出し、該当するものがあれば、そのアドレスを戻り値として返します。見つからない場合はNULLを返します。

Sample706/main.c（86～97行目）

```
86 //  学生のデータの取得
87 student* get(int id) {
88     int i;
89     for (i = 0; i < num_of_students; i++) {
90         //  該当するidのデータが見つかったら
91         if (student_database[i].id == id) {
92             return &student_database[i];    //  ポインタを返す
93         }
94     }
95     return NULL;
96 }
97
```

◎showStudentData関数

引数としてして与えたstudent構造体のポインタの学生データを表示します。ただし、ポインタがNULLの場合には「データが登録されていません。」と表示されます。

Sample706/main.c（98～107行目）

```
98  //  学生データの表示
99  void showStudentData(student* data) {
100     if (data != NULL) {
101         printf("学生番号:%d 名前:%s¥n", data->id, data->name);
102     }
103     else {
104         printf("データが登録されていません。¥n");
105     }
106 }
107
```

◎showError関数

グローバル変数Errorの中身を見て、該当するエラーメッセージを表示します。

Sample706/main.c（108～118行目）

```
108 //  エラーの表示
109 void showError() {
```

```
110     switch (Error) {
111     case MESSAGE_OK:
112         printf("OK!¥n");
113         break;
114     case MESSAGE_ERROR:
115         printf("ERROR!¥n");
116         break;
117     }
118 }
```

ソースコード分割後のプログラム

では、Sample706のプログラムをいくつかのファイルに分割してみることにしましょう。分割後のmain.cは次のとおりです。

Sample707/main.c

```
01 #include <stdio.h>
02 #include "studentDatabase.h"
03 #include "dataOutput.h"
04 
05 int main(int argc, char** argv) {
06     int i;
07     char names[][LENGTH] =
08         { "山田太郎","太田美智子","大山次郎","山口さやか" };
09     int ids[] = { 1,2,2,3 };
10     initDatabase();
11     for (i = 0; i < 4; i++) {  //  データの登録
12         add(ids[i], names[i]);
13         printf("登録:%d %s¥n", ids[i], names[i]);
14         showError();
15     }
16     for (i = 0; i < 3; i++) {  //  登録したデータの出力
17         showStudentData(get(i + 1));
18     }
19     return 0;
20 }
```

プログラムを構成するファイル

main.c以外の部分は、2つに分かれます。

・Sample707の構成要素

ファイル名（.h/.c）	内容	関数
studentDatabase	学生のデータベース	initDatabase() add() get()
dataOutput	学生データの出力	showStudentData() showError()

この表からわかるとおり、ファイルを、データベース機能と、表示部分に分けています。

ソースコード分割は、**機能ごとに関数などの定義を振り分ける**という大原則が必要になります。どのような機能によって分割するかは、設計者の考え方次第なのですが、誰が見てもわかるような客観的な違いがあることが望ましいといえるでしょう。

学生のデータベースの処理

Sample707/studentDatabase.h

```
01 #ifndef _STUDENT_DATABASE_H_
02 #define _STUDENT_DATABASE_H_
03 
04 //  データベースに登録できる学生の最大数
05 #define MAX_STUDENT 10
06 //  学生の名前の最大の長さ
07 #define LENGTH      50
08 
09 //  エラーメッセージ
10 enum ERROR {
11     MESSAGE_OK,
12     MESSAGE_ERROR
13 };
14 
15 //  学生のデータ
16 typedef struct {
17     int id;               //  学生番号
18     char name[LENGTH];    //  名前
19 }student;
20 
21 //  データベースの初期化
22 void initDatabase();
23 //  データベースへのデータの登録(学生番号、名前)
24 int add(int, char*);
25 //  学生のデータの取得
```

```
26 student* get(int);
27
28 #endif //  _STUDENT_DATABASE_H_
```

Sample707/studentDatabase.c

```
01 #include "studentDatabase.h"
02 #include <string.h>
03
04 #define MESSAGE_LENGTH  256
05
06 //  データベースに登録されている学生の数
07 static int num_of_students = 0;
08 //  学生のデータベース
09 static student student_database[MAX_STUDENT];
10 //  エラーメッセージ
11 int Error = MESSAGE_OK;
12
13 //  データベースの初期化
14 void initDatabase() {
15     int i;
16     for (i = 0; i < MAX_STUDENT; i++) {
17         student_database[i].id = -1;
18         strcpy(student_database[i].name, "");
19     }
20     Error = MESSAGE_OK;      //  エラーメッセージのクリア
21     num_of_students = 0;     //  登録された学生の数を0に初期化
22 }
23
24 //  データベースへのデータの登録(学生番号、名前)
25 int add(int id, char* name) {
26     //  すでに登録されているidであれば、登録しない
27     if (get(id) == NULL && num_of_students < MAX_STUDENT) {
28         student_database[num_of_students].id = id;
29         strcpy(student_database[num_of_students].name, name);
30         num_of_students++;
31         Error = MESSAGE_OK;
32         //  登録できたら、1を返す
33         return 1;
34     }
35     Error = MESSAGE_ERROR;
36     //  登録できなければ、0を返す
37     return 0;
38 }
39 //  学生のデータの取得
```

```
40 student* get(int id) {
41     int i;
42     for (i = 0; i < num_of_students; i++) {
43         //  該当するidのデータが見つかったら
44         if (student_database[i].id == id) {
45             return &student_database[i];    //  ポインタを返す
46         }
47     }
48     return NULL;
49 }
```

◎ studentDatabase.h

studentDatabase.h では、MAX_LENGTH、LENGTH といったマクロによる定数、構造体 student、列挙型 ERROR が記述されています。これは、これらのデータが、main.c および dataOutput.c でも利用されるからです。

studentDatabase.h は、studentDatabase.c で利用される関数を定義するものですが、このように外部から利用する定数やマクロ、構造体なども定義します。

● ソースファイルとヘッダーファイルの相関関係①

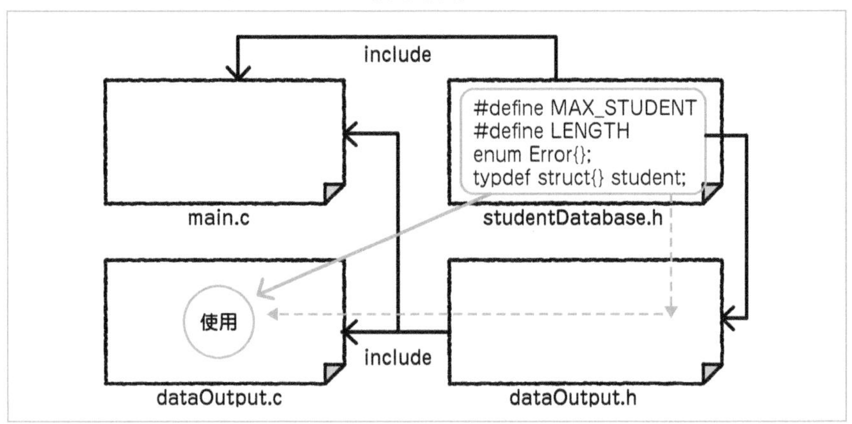

◎ studentDatabase.c

studentDatabase.c では、strcpy 関数を利用するため、string.h を読み込んでいます。

さらに、ここには内部で使う複数の変数が定義されています。num_of_students、student_database、Error の 3 つの変数は、このファイル内の全関数で利用する変数として定義されています。

データの隠ぺい

studentDatabase.c では、グローバル変数 num_of_students と student_data に static が付いています。

static が付いたグローバル変数には、外部から extern でアクセスできないという性質があり、これにより、外部から変更してほしくないようなデータを外部から隠蔽することができます。つまり、**外部からアクセスすることを禁止する**という意味になるのです。

・アクセス制限

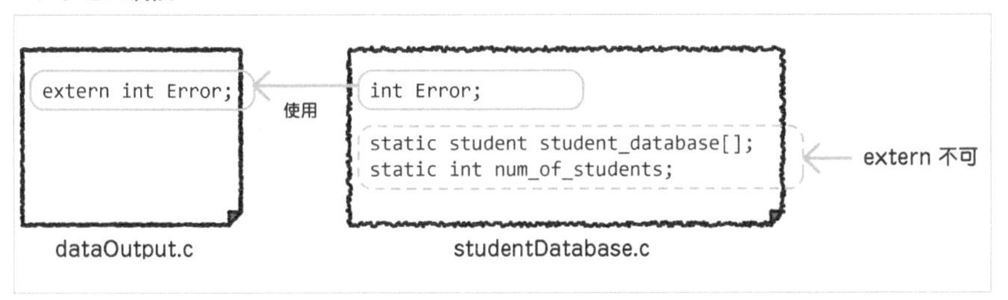

このため num_of_students と student_data は、studentDatabase.c 内のすべての関数内で利用できますが、外部からは利用できなくなるのです。

学生データの出力の処理

Sample707/dataOutput.h

```
01 #ifndef _DATA_OUTPUT_H_
02 #define _DATA_OUTPUT_H_
03 
04 #include "studentDatabase.h"
05 
06 //  学生データの表示
07 void showStudentData(student*);
08 //  エラーの表示
09 void showError();
10 
11 #endif //  _DATA_OUTPUT_H_
```

Sample707/dataOutput.c

```
01 #include "dataOutput.h"
02 #include <stdio.h>
03 
04 // エラーメッセージ
05 extern int Error;
06 
07 // 学生データの表示
08 void showStudentData(student* data) {
09     if (data != NULL) {
10         printf("学生番号:%d 名前:%s¥n", data->id, data->name);
11     }
12     else {
13         printf("データが登録されていません。¥n");
14     }
15 }
16 // エラーの表示
17 void showError() {
18     switch (Error) {
19     case MESSAGE_OK:
20         printf("OK!¥n");
21         break;
22     case MESSAGE_ERROR:
23         printf("ERROR!¥n");
24         break;
25     }
26 }
```

◎ dataOutput.h

showStudentData 関数は、引数で、student 型の構造体のポインタを必要としています。そのため、#include"studentDatabase.h" を行っています。

• ヘッダーファイルの相関関係①

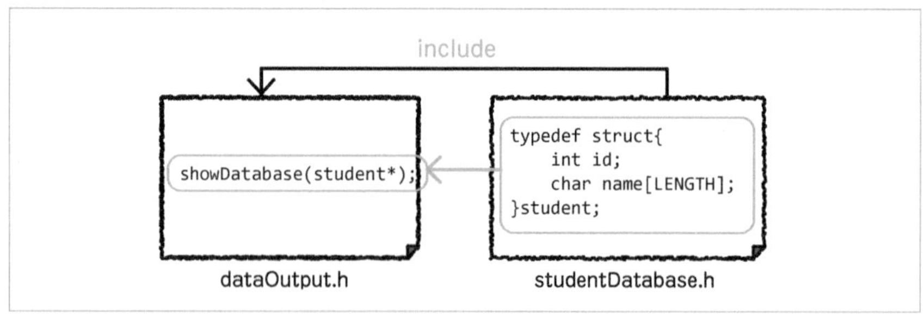

dataOutput.c

関数のプロトタイプ宣言がある dataOutput.h 以外に、標準ライブラリの stdio.h もインクルードしています。それは、printf 関数を使うためです。

この処理は、ヘッダーファイルに記述してもよいのですが、ほか dataOutput.h を読み込むソースファイルがあり、そのファイルが stdio.h の読み出しを必要としない場合、不必要な読み込みの処理が発生してしまいます。

それを避けるために、ヘッダーファイルに記述する内容は、必要最低限にする必要があります。

5 行目で extern を使って Error を定義していますが、これは studentDatabase.c で定義されている int Error に外部からアクセスするためのものです。これにより、studentDatabase.c 内で発生したエラーを、showError 関数内で利用することができます。

● ソースファイルとヘッダーファイルの相関関係②

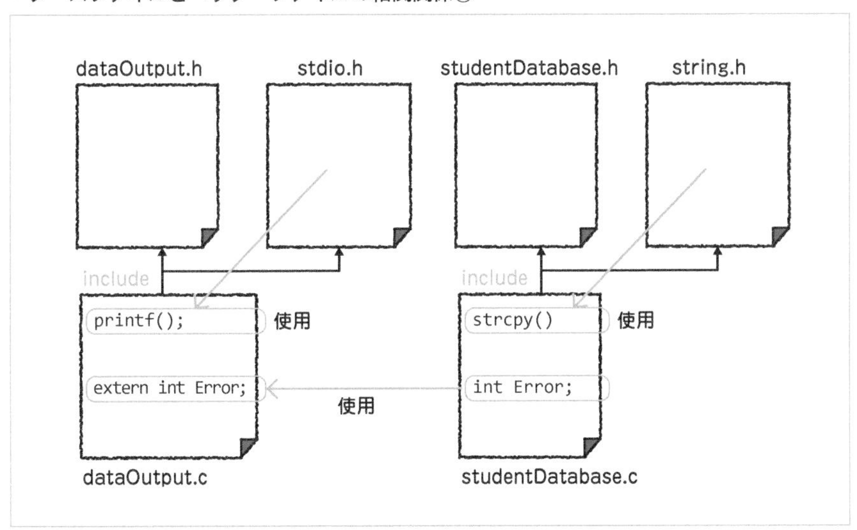

実行結果は Sample706 と同じなので省略します。

2-2 ソースコード分割の原則

- C言語でソースコード分割を行う際の原則をまとめる
- 規模の大きいC言語のプログラミングを行う際に必要な考え方を理解する

C言語のソースコード分割に関する原則

ここまで複雑なソースコード分割について説明してきましたが、ヘッダーファイルおよびソースファイルに記述すべきものの関係性および順序は、以下で説明する表のようになります。

表内に出てくる番号は優先順位です。必ずしもこのとおりの順番にしなくてはならないということではありませんが、この順番に従うと、比較的スムーズに全体を構成することが可能です。

ヘッダーファイル

ヘッダーファイルはあくまでも複数のソースファイル・ヘッダーファイルで共有することを前提として作成します。

●ヘッダーファイルに記述する内容

	記述する情報	解説
①	ヘッダーファイルのインクルード	必要なヘッダーファイルのインクルード
②	マクロの定義	外部と共有するマクロの定義
③	列挙型の定義	外部と共有する列挙型の定義の定義
④	構造体の定義	外部と共有する構造体の定義
⑤	関数のプロトタイプ宣言	外部と共有する関数のプロトタイプ宣言

ソースファイル

ソースファイルは、最初に必要なヘッダーファイルを読み込むことから記述する必要がありますが、通常はヘッダーファイルの中で行う列挙型や構造体など、外部に公開しないものをここで定義することもできます。

ただし、その際には外部からインクルードするヘッダーファイルの内容と重複しないように気を付ける必要があります。

この中で例外的に外部から共有される可能性があるのが、⑤の非 static なグローバル変数です。これは外部で extern によって共有されます。

● ソースファイルに記述する内容

	記述する情報	解説
①	ヘッダーファイルのインクルード	必要なヘッダーファイルのインクルード
②	マクロの定義	外部には公開しないマクロの定義
③	列挙型の定義	外部には公開しない列挙型の定義
④	構造体の定義	外部と共有しない構造体の定義
⑤	グローバル変数（非static）	externで外部と共有するグローバル変数
⑥	グローバル変数（static）	外部ファイルと共有しないグローバル変数
⑦	関数のプロトタイプ宣言	外部に公開しない関数のプロトタイプ宣言
⑧	関数の定義	ヘッダーファイルや⑦で宣言された関数の定義

これらはあくまでも原則であり、例外も多数あります。

そのため、絶対にこのようにしなければならないというわけではありません。しかし、このような考え方を持ってファイルの分割を行えば、効率的にプログラミングを行うことが可能です。

ソースコード分割は闇雲に行うのではなく、プログラムの機能を分析して論理的に進めていきましょう。

3 ソートアルゴリズム

- C言語を使ったソートアルゴリズムを紹介する
- さまざまなソートの種類があることを理解する

3-1 さまざまなソートの実現手段

POINT

- バブルソートのアルゴリズムをマスターする
- qsort関数を使ったソートの使い方を理解する

ソートとは何か

最後に参考のため、C言語を使ったアルゴリズムを紹介したいと思います。一口にアルゴリズムといってもたくさんありますが、代表的なアルゴリズムである**ソート(sort)**を紹介します。

ソートとは、「並べ替え」の意味で、数値データ等を、大きい順もしくは小さい順に並べ替える処理のことをいいます。なお、データを小さい順に並べ替えることを、**昇順（しょうじゅん）**、大きい順に並べ替えることを、**降順（こうじゅん）**といいます。

ソートアルゴリズムにはたくさんの種類がありますが、ここでは**バブルソート**と呼ばれるものの実装方法について学習します。

バブルソート

バブルソートは、すべての要素について、隣接する要素と大きさを比較し、並べたい順番と逆転していたら両者を入れ替える、単純なソートアルゴリズムです。これを図で表すと次のようになります。ここでは昇順のバブルソートの仕組みを見てみましょう。

- バブルソートの例（降順の場合）

以上が、バブルソートのアルゴリズムです。なお、バブルソートと呼ばれるのは、要素が泡（バブル）のように浮かびあがってくるように見えることに由来します。

これをC言語で記述すると、次のようになります。

Sample708/main.c

```
01 #include <stdio.h>
02 #include <stdlib.h>
03 #include <time.h>
04 
05 #define SIZE    4
06 
07 void show(int*);
08 void swap(int*, int*);
09 
10 int main(int argc, char** argv) {
11     int a[SIZE], i, j;
12     //  乱数の初期化
13     srand((unsigned)time(NULL));
14     //  1から10までの乱数を発生させる
15     for (i = 0; i < SIZE; i++) {
16         a[i] = rand() % 10 + 1;
17     }
18     //  配列の表示
19     show(a);
20     //  バブルソート(降順)
21     for (i = 0; i < SIZE; i++) {
```

```
22          for (j = 0; j < SIZE - i - 1; j++) {
23              //  順序が逆なら入れ替える
24              if (a[j] < a[j+1]) {
25                  //  a[j]とa[j+1]の入れ替え
26                  swap(&a[j], &a[j+1]);
27              }
28              //  途中経過の表示
29              show(a);
30          }
31      }
32      return 0;
33  }
34  //  配列の内容の表示
35  void show(int* array) {
36      int i;
37      for (i = 0; i < SIZE; i++) {
38          printf("%d ", array[i]);
39      }
40      printf("¥n");
41  }
42  //  値の交換
43  void swap(int* num1, int* num2) {
44      int temp = *num1;
45      *num1 = *num2;
46      *num2 = temp;
47  }
```

実行結果（実行ごとに異なる）

```
4 2 5 6
4 2 5 6
4 5 2 6
4 5 6 2
4 5 6 2
5 4 6 2
5 6 4 2
5 6 4 2
6 5 4 2
6 5 4 2
6 5 4 2
```

15～17行目で、配列の中に1～10の乱数を代入し、それを21～31行目で並べ替えています。

外側のループの変数iは、ソート処理の終端位置を決定する値で、内側のループで、配列の0からSIZE - iまで比較を行い、必要があれば数値の順序の入れ替えを行います。

順序の入れ替えは、26行目で行っていますが、この入れ替えには6日目で学習したswap関数を使っています。2つの整数のアドレスを引数として与えることにより、2つの変数の値を入れ替えます。

なお、24行目の不等号を逆にすると昇順のソートになります。試してみましょう。

qsort関数

C言語は、わざわざソートを自作しなくても、もともとqsortという関数が用意されており、この関数を使うのが一般的です。ここではこの関数を使用するサンプルを紹介しておきます。

バブルソートは降順でソートを行ったので、今度は昇順で行ってみましょう。

Sample709/main.c

```
01 #include <stdio.h>
02 #include <stdlib.h>
03 #include <time.h>
04 
05 #define SIZE    4
06 
07 void show(int*);
08 int asc(const void*, const void*);
09 
10 int main(int argc, char** argv) {
11     int a[SIZE], i;
12     //  乱数の初期化
13     srand((unsigned)time(NULL));
14     //  1から10までの乱数を発生させる
15     for (i = 0; i < SIZE; i++) {
16         a[i] = rand() % 10 + 1;
17     }
18     //  配列の初期値の表示
19     show(a);
20     qsort((void*)a, SIZE, sizeof(int), asc);
21     //  ソートの結果の表示
22     show(a);
23     return 0;
24 }
25 
26 //  昇順の並べ替えの判定
```

```
27 int asc(const void* a, const void* b) {
28     return *(int*)a - *(int*)b;
29 }
30 // 配列の内容の表示
31 void show(int* array) {
32     int i;
33     for (i = 0; i < SIZE; i++) {
34         printf("%d ", array[i]);
35     }
36     printf("¥n");
37 }
```

- 実行結果（実行ごとに異なる）

```
4 7 2 3
2 3 4 7
```

最初の行が初期状態、次が並べ替え結果です。qsort関数を使うと結果だけが得られるため、途中経過はわかりませんが、昇順の並べ替えができたことがわかります。

◎ qsort関数の仕様

プログラムの仕組みを理解するために、まずqsort関数の仕様について説明します。qsort関数は、stdlib.hに含まれ、以下のような仕様になっています。

- qsort関数の書式

```
void qsort(
  void *base, size_t num, size_t size,
  int (*compare)(const void* a, const void* b)
);
```

- qsort関数の引数

引数	意味
base	ソート対象の配列
num	配列要素の個数
size	配列要素のサイズ
compare	比較関数（関数ポインタ）

qsort関数は、比較関数の戻り値をもとに、要素をソートします。並べ替える対象はint、doubleなどさまざまなケースが想定されるため、voidのポインタに変換してアドレスを渡します。このサンプルでは、20行目でqsort関数の処理を行っています。

● 並べ替え処理

```
qsort((void*)a, SIZE, sizeof(int), asc);
```

並べ替える配列はaであり、(void*)でキャストしています。配列のサイズはSIZEであり、この配列はint型なので、配列要素のサイズはsizeof(int)としています。そして、最後に比較関数としてascを呼び出しています。

◎ 比較関数のルール

比較関数の関数ポインタには、以下のようなルールがあります。

● qsortの比較関数の仕様

```
int (*compare)(const void* a, const void* b)
```

引数の型がvoidのポインタになっているのは、引数がどのような型かがわからないからです。実際に引数を使用する際には、intやdoubleなど、適切な型にキャストしてから使います。

引数の型の先頭に付いているconstは、変数の値を変更せず、定数として宣言する際に使う修飾子です。constが付くと、変数は書き換えができなくなり、読み取り専用となります。ポインタ変数の場合、型の前にconstを付けることで、ポインタが指すアドレスにあるデータを書き込み専用にできます。比較関数の引数はポインタなので、constを付けて値の変更を禁止しているのです。

この関数は、2つの値*aと*bとがソートした結果で、どちらが先でどちらが後にきてほしいか、次のように整数値で返すことによって示します。

比較関数の状態	戻り値
*aが*bよりも先であるとき	負の値
*aと*bとのどちらが先でも良いとき	0
*aが*bよりも後であるとき	正の値

以上を踏まえ、このプログラムの比較関数を改めて見てみましょう。

● このサンプルの比較関数

```
int asc(const void* a, const void* b) {
    return *(int*)a - *(int*)b;
}
```

● 比較関数内での処理のイメージ

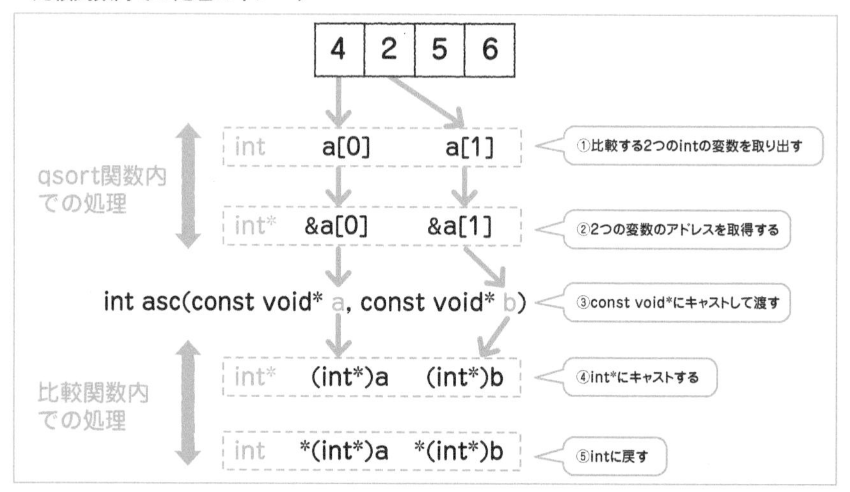

ascで比較する値が共にintなので（①）、渡って来るのはそのアドレス（int*）です（②）。

そして、それをvoid*でキャストして呼び出します（③）。これらの処理はqsort関数内で自動的に行われます。

asc関数でこれを再びint型に戻すには、(int*)でキャストしてint型のポインタに戻したうえに（④）、先頭に*を付けintに戻します（⑤）。

この関数では*a >*bのとき、戻り値が正で、*aは*bの後にしなくてはならず、逆に*a<*bのときは負の値になるので、並べ替えは不要です。つまり、昇順で並べ替えるルールであることがわかります。なお、ascは英語のascending（昇順）の略です。ちなみに降順はdescendingです。

文字列の並べ替え

qsort関数の比較関数の定義の仕方によっては、さまざまな応用が可能です。数値ばかりではなく、文字列や構造体といったデータの並べ替えも可能です。以下は文字列を並べ替えるものです。入力して実行してみてください。

Sample710/main.c

```
01 #include <stdio.h>
02 #include <stdlib.h>
03 #include <string.h>
04 
05 #define SIZE    5
06 
07 void show(char**);
08 int dict(const void*, const void*);
09 
10 int main(int argc, char** argv) {
11     //  並べ替える文字列
12     char*a[]={"banana","apple","orange","lemon","pineapple"};
13     //  配列の初期値の表示
14     show(a);
15     qsort(a, SIZE, sizeof(int), dict);
16     //  ソートの結果の表示
17     show(a);
18     return 0;
19 }
20 
21 //  辞書順の並べ替えの判定
22 int dict(const void* a, const void* b) {
23     return strcmp(*(const char**)a, *(const char**)b);
24 }
25 //  配列の内容の表示
26 void show(char** array) {
27     int i;
28     for (i = 0; i < SIZE; i++) {
29         printf("%s ", array[i]);
30     }
31     printf("¥n");
32 }
```

● **実行結果**

```
banana apple orange lemon pineapple
apple banana lemon orange pineapple
```

このプログラムでは、「banana apple orange lemon pineapple」という 5 つの文字列が、qsort 関数により辞書順（A ～ Z の順）に並べ替えられています。

このようなことができるのは、比較関数である dict に秘密があります。

● 文字列の比較関数

```
int dict(const void* a, const void* b) {
    return strcmp(*(const char**)a, *(const char**)b);
}
```

strcmp関数は、2つの文字列を比較し、等しければ0を返すという関数でしたが、実は正確には以下のような使い方ができる関数なのです。

比較する文字列（char*）をa、bとすると、dict関数の引数に渡って来るのは、アドレス（char**）である&a、&bが、const void*にキャストされたものです。

strcmp関数で使うためには、void* a、bをstrcmp関数の引数である(const char**)にキャストしたあと、先頭に「*」を付けて、再び文字列に戻します。

● strcmp関数の書式（s1、s2は文字列）

```
int strcmp(
    const char *s1,
    const char *s2
);
```

● strcmp関数の戻り値

戻り値	意味
正の値	文字列s1のほうが、s2よりも辞書的に後ろにある
0	文字列s1とs2は等しい
負の値	文字列s1のほうが、s2よりも辞書的に前にある

このため、これを比較関数の中で使うことにより、文字列を辞書的な順序で並べ替えることができたのです。

qsort関数の応用

qsort関数を利用すれば、学生名簿のようなものを作成するときに、学生の名前、学籍番号、成績などといったデータを構造体にまとめてしまうことで、名前の順での並べ替えや、学籍番号による並べ替えなどのケースに応用できます。

このような並べ替え処理はさまざまなアプリケーションで使用されるため、qsort関数を利用すると、データの整理が楽になります。

4 練習問題

正解は 343 ページ

問題 7-1 ★☆☆

Sample709 を改良し、ランダムに発生させた整数を降順に並べ替えるプログラムを作りなさい。

● 期待される実行結果（実行ごとに異なる）

```
4 7 2 3
7 4 3 2
```

問題 7-2 ★★★

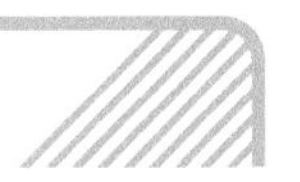

Sample710 と同じ処理をバブルソートで実装しなさい。

M E M O

練習問題の解答

1 1日目　はじめの一歩

1日目の問題の解答です。

1-1 問題 1-1

順次処理・分岐処理・繰り返し処理

【解説】

すべてのコンピュータのプログラムは、理論上、この 3 つの処理で記述できるといわれています。

1-2 問題 1-2

インタープリタは、ソースコードを逐一マシン語に変換しながら実行する。コンパイラは、すべてのソースコードをマシン語に変換してから実行する。

【解説】

C 言語はコンパイラ言語の一種です。

2 2日目　C言語の基本

2日目の問題の解答です。

2-1 問題 2-1

・【解説】

キーボードから実数値を入力し、それをもとに円の面積および円周の長さの公式にあてはめた計算結果を出力します。

円の面積の計算は「円周率×半径×半径」、円周の長さは「2×円周率×半径」で求めます。

Prob201/main.c

```
01 #include <stdio.h>
02 
03 int main(int argc, char** argv) {
04     double r;
05     printf("円の半径を入力:");
06     scanf("%lf", &r);
07     printf("面積:%lf 円周:%lf¥n", 3.14 * r * r, 2 * 3.14 * r);
08     return 0;
09 }
```

2-2 問題 2-2

・【解説】

キーボードから整数値を入力させ、変数a、bに代入し、足し算・引き算・掛け算の結果を表示します。割り算に関しては、bの値が0かどうかで処理内容を変えます。0でなければ割り算とその余りを表示し、0である場合には「0で割ることはできません」と表示してプログラムを終了します。

Prob202/main.c

```
01 #include <stdio.h>
02 
03 int main(int argc, char** argv) {
04     int a, b;
05     printf("1つ目の数値:");
06     scanf("%d", &a);
07     printf("2つ目の数値:");
08     scanf("%d", &b);
09     printf("%d + %d = %d¥n", a, b, a + b);
10     printf("%d - %d = %d¥n", a, b, a - b);
11     printf("%d * %d = %d¥n", a, b, a * b);
12     if (b != 0) {
13         // 2つ目の数が0でなければ、割り算を行う
14         printf("%d / %d = %d 余り %d¥n", a, b, a / b, a % b);
15     }
16     else {
17         // 2つ目の数が0ならば、割り算が出来ないと表示
18         printf("0で割ることはできません¥n");
19     }
20     return 0;
21 }
```

2-3 問題 2-3

● 【解説】

整数型変数 month に、キーボードから入力した月が入ります。if 文、else if 文、else 文を用いて、春、夏、秋、冬、および不適切な値の場合の処理を記述します。1 つの季節に該当する月は 3 つあるので、OR（||）でそれぞれの条件を 1 つの if 文および else if 文の中に記述します。

Prob203/main.c

```
01 #include <stdio.h>
02 
03 int main(int argc, char** argv) {
04     int month;
```

```
05      printf("月(1～12)の値を入力してください:");
06      // 月を入力
07      scanf("%d", &month);
08      if (month == 12 || month == 1 || month == 2) {
09          // 12,1,2だった場合
10          printf("冬です¥n");
11      }
12      else if (month == 3 || month == 4 || month == 5) {
13          // 3,4,5だった場合
14          printf("春です¥n");
15      }
16      else if (month == 6 || month == 7 || month == 8) {
17          // 6,7,8だった場合
18          printf("夏です¥n");
19      }
20      else if (month == 9 || month == 10 || month == 11) {
21          // 9,10,11だった場合
22          printf("秋です¥n");
23      }
24      else {
25          // 1～12以外の値だった場合
26          printf("不適切な値です¥n");
27      }
28      return 0;
29  }
```

2-4 問題 2-4

- 【解説】

switch 文で、複数の値の場合に同一処理をするので、フォールスルーを用います。1 ～ 12 のいずれにも該当しない場合の処理には defalt: 以下に記述します。

Prob204/main.c

```
01  #include <stdio.h>
02  
03  int main(int argc, char** argv) {
04      int month;
05      printf("月(1～12)の値を入力してください:");
06      // 月を入力
```

```
07      scanf("%d", &month);
08      switch (month) {
09      case 12:
10      case 1:
11      case 2:
12          //  12,1,2だった場合
13          printf("冬です¥n");
14          break;
15      case 3:
16      case 4:
17      case 5:
18          //  3,4,5だった場合
19          printf("春です¥n");
20          break;
21      case 6:
22      case 7:
23      case 8:
24          //  6,7,8だった場合
25          printf("夏です¥n");
26          break;
27      case 9:
28      case 10:
29      case 11:
30          //  9,10,11だった場合
31          printf("秋です¥n");
32          break;
33      default:
34          //  1〜12以外の値だった場合
35          printf("不適切な値です¥n");
36          break;
37      }
38      return 0;
39  }
```

3 3日目　繰り返し処理・配列変数

3日目の問題の解答です。

3-1 問題 3-1

・【解説】

カウンタ変数iを用意し、6回繰り返す処理の中に「Hello C!」を表示する処理を入れます。

Prob301/main.c

```
01 #include <stdio.h>
02 
03 int main(int argc, char** argv) {
04     int i = 0;
05     while (i < 6) {
06         printf("Hello C!¥n");
07         i++;
08     }
09     return 0;
10 }
```

3-2 問題 3-2

・【解説】

キーボードから2つの整数値を入力させ、変数a、bに設定します。a、bのうち、aが小さい数、bが大きい数だと仮定し、もしも入力された値がその逆ならば、10～14行目の処理で値を逆転させます。

値の入れ替えは、aの値を変数tmpに代入したあと、aにbの値を代入し、そのあと、b に tmp の値を代入します。これにより a、b の値は入れ替わります。
16 ～ 18 行目の処理で a から b まで値を 1 ずつ表示します。

Prob302/main.c
```
01 #include <stdio.h>
02 
03 int main(int argc, char** argv) {
04     int a, b, i, tmp;
05     printf("数値を入力:");
06     scanf("%d", &a);
07     printf("数値を入力:");
08     scanf("%d", &b);
09     //  aおよびbの値の方が大きければ、aとbの値を入れ替える
10     if (a > b) {
11         tmp = a;
12         a = b;
13         b = tmp;
14     }
15     //  小さい方の数(a)から、大きい方の数(b)まで1ずつ値を増やす
16     for (i = a; i <= b; i++) {
17         printf("%d ", i);
18     }
19     //  改行して終了
20     printf("¥n");
21     return 0;
22 }
```

3-3 問題 3-3

- 【解説】

5 行 8 列の文字の図形なので、外側の i の 5 回のループ、内側の j の 8 回のループを作ります。□および■の切り替えは、i+j の和が 2 で割り切れるか否かで設定します。内側のループが終了するごとに改行を入れることにより、図形が完了します。

Prob303/main.c
```
01 #include <stdio.h>
02 
03 int main(int argc, char** argv) {
04     int i, j;
```

```
05      //  行の表示
06      for (i = 0; i < 5; i++) {
07          //  列の表示
08          for (j = 0; j < 8; j++) {
09              if ((i + j) % 2 == 0) {
10                  printf("□");
11              }
12              else {
13                  printf("■");
14              }
15          }
16          //  改行処理
17          printf("¥n");
18      }
19      return 0;
20  }
```

3-4 問題 3-4

- 【解説】

最初に最大値 sum の初期値を 0、最大値 max_num、最小値 min_num の暫定の値を a[0] とします。

続いて、for ループで配列の要素を表示しながら、これらの値を計算していきます。合計値 sum は、これらの値をひたすら足していくことにより求められます。

max_num は、これよりも大きな値が見つかった場合、その値を代入します。これを繰り返すと、最後には配列の中の 1 番大きな値がこの変数に代入されていることになります。min_num はこれとは逆の考え方をすることにより得られます。

最後に平均値 avg は、sum を合計の成分の数で割れば得られます。この配列は整数の配列ですが、平均も整数になるとは限らないので、この変数のみを実数にしています。

Prob304/main.c

```
01  #include <stdio.h>
02
03  int main(int argc, char** argv) {
04      int a[] = { 3, 2, 9, 8, 5, 6, 5, 4, 1 };
05      int i, sum = 0, max_num, min_num;
```

```
06      double avg;
07      //  仮の最大値をそれぞれa[0]に設定する
08      max_num = a[0];
09      min_num = a[0];
10      //  成分を表示しながら合計値、最大値、最小値を求める
11      for (i = 0; i < 9; i++) {
12          //  値を表示する
13          printf("%d ", a[i]);
14          //  暫定の最大値よりもa[i]の値が大きければ更新する
15          if (max_num < a[i]) {
16              max_num = a[i];
17          }
18          //  暫定の最小値よりもa[i]の値が小さければ更新する
19          if (min_num > a[i]) {
20              min_num = a[i];
21          }
22          //  合計値を計算する
23          sum += a[i];
24      }
25      printf("¥n");
26      //  合計値をもとに、平均値を計算する
27      avg = sum / 9.0;
28      //  合計値、平均値、最大値、最小値を表示する
29      printf("合計値:%d 平均値:%lf 最大値:%d 最小値:%d¥n"
30          , sum, avg, max_num, min_num);
31      return 0;
32  }
```

4日目　関数

4日目の問題の解答です。

問題 4-1

【解説】

プログラムの先頭に、add3関数のプロトタイプ宣言を記述します。そのあと、main関数でキーボードから3つの整数を入力し、add3関数を使って合計を計算し、結果を表示します。add3関数の定義はmain関数のあとに行っています。

Prob401/main.c

```
01 #include <stdio.h>
02 
03 //  add3関数のプロトタイプ宣言
04 int add3(int, int, int);
05 
06 int main(int argc, char** argv) {
07     int a, b, c, sum;
08     //  a,b,cにキーボードから値を入力
09     printf("a=");
10     scanf("%d", &a);
11     printf("b=");
12     scanf("%d", &b);
13     printf("c=");
14     scanf("%d", &c);
15     //  add3関数で合計を計算
16     sum = add3(a, b, c);
17     printf("a + b + c = %d¥n", sum);
18 }
19 
20 //  add3関数の定義
21 int add3(int a, int b, int c) {
22     return a + b + c;
23 }
```

4-2 問題 4-2

- 【解説】

my_abs 関数の中では、与えられた引数が負であれば符号を逆転させます。例えば、引数が -5 である場合には、-(-5)=5 が得られます。0 以上の場合はそのまま値を返します。

Prob402/main.c

```
01 #include <stdio.h>
02 
03 //  my_abs関数のプロトタイプ宣言
04 int my_abs(int);
05 
06 int main(int argc, char** argv) {
07     int n;
08     printf("整数値を入力:");
09     scanf("%d", &n);
10     printf("%dの絶対値は%dです。¥n", n, my_abs(n));
11     return 0;
12 }
13 
14 //  my_abs関数の定義
15 int my_abs(int a) {
16     if (a < 0) {
17         //  負の値であれば、符号を逆転させる
18         return -a;
19     }
20     //  0以上の値であればそのまま返す
21     return a;
22 }
```

問題 4-3

- 【解説】

最初に 1 ～ 10 までの乱数を 2 つ発生させ、変数 a、b に代入し、問題の解となる a+b を変数 ans に代入します。そのあと、while 文で無限ループを作り、入力した値が ans と等しくなるまで入力を繰り返させます。正解が出た場合は、break でループ

から抜けて処理を終了させます。

Prob403/main.c

```
01 #include <stdio.h>
02 #include <stdlib.h>
03 #include <time.h>
04 
05 int main(int argc, char** argv) {
06     int a, b, ans, num;
07     // 乱数の初期化
08     srand((unsigned)time(NULL));
09     // 1から10までの乱数を発生させる
10     a = rand() % 10 + 1;
11     b = rand() % 10 + 1;
12     // 問題の回答を計算する
13     ans = a + b;
14     // 計算結果を出力
15     printf("問題:%d + %d¥n", a, b);
16     // 正解が出るまで入力を繰り返す無限ループ
17     while (1) {
18         // キーボードから答えを入力させる
19         printf("答えを入力:");
20         scanf("%d", &num);
21         if (num == ans) {
22             // 正解ならbreakでループを抜ける
23             printf("正解です¥n");
24             break;
25         }
26         // 間違いならループから抜けない
27         printf("間違いです¥n");
28     }
29     return 0;
30 }
```

4-4 問題 4-4

- 【解説】

triangle.h には、プロトタイプ宣言のみを記述します。このとき、2 重インクルードの防止を忘れないようにしましょう。

triangle.c では、triangle.h をインクルードし、関数の定義を行います。main.c からは関数の定義をなくし、triangle.h をインクルードをすれば完成です。

Prob404/triangle.h

```
01 #ifndef _TRIANGLE_H_
02 #define _TRIANGLE_H_
03 
04 void showStars(int);
05 void showTriangle(int);
06 
07 #endif // _TRIANGLE_H_
```

Prob404/triangle.c

```
01 #include "triangle.h"
02 
03 //  n個の★を表示
04 void showStars(int n) {
05     int i;
06     for (i = 0; i < n; i++) {
07         printf("★");
08     }
09     printf("¥n");
10 }
11 //  ★で三角形を作る
12 void showTriangle(int n) {
13     int i;
14     for (i = 1; i <= n; i++) {
15         showStars(i);
16     }
17 }
```

Prob404/main.c

```
01 #include <stdio.h>
02 #include "triangle.h"
03 
04 int main(int argc, char** argv) {
05     int num;
06     printf("正の整数を入力:");
07     scanf("%d", &num);
08     if (num > 0) {
09         showTriangle(num);
10     }
11     else {
12         printf("正の数を入力してください。¥n");
```

```
13      }
14      return 0;
15  }
```

5

5日目　アドレスとポインタ

5日目の問題の解答です。

5-1 問題 5-1

- 【解説】

入力した文字を入れるs1、s2と、これらの結合結果である文字列sを用意します。最初にstrcpy関数でs1をsにコピーし、次にstrcatでsにs2を結合します。s1にstrcat関数でs2を結合して表示しても構いません。

なお、char型の配列は十分に長いものを用意するようにしましょう。

Prob501/main.c

```
01 #include <stdio.h>
02 #include <string.h>
03 
04 int main(int argc, char** argv) {
05     char s1[256], s2[256], s[512];
06     printf("1つ目の文字列:");
07     scanf("%s", s1);
08     printf("2つ目の文字列:");
09     scanf("%s", s2);
10     //  s1をsにコピー
11     strcpy(s, s1);
12     //  s2をsに追加
13     strcat(s, s2);
14     //  結果を表示
15     printf("結合した文字列:%s¥n", s);
16     return 0;
17 }
```

5-2 問題5-2

【解説】

問題5-1と同様に入力した文字を入れるs1、s2と、これらの結合結果である文字列sを用意します。さらに、charのポインタ変数cp1およびcp2を用意します。

cp1にs1のアドレスを代入し、続けてcp2にsのアドレスを代入して、cp1とcp2のアドレスをインクリメントしながらwhileループでコピーを行います。

次に、cp1にs2のアドレスを代入し、再びcp1とcp2のアドレスをインクリメントしたあとに、最後にcp2の値に'¥0'を追加します。

Prob502/main.c

```
01 #include <stdio.h>
02 
03 int main(int argc, char** argv) {
04     char s1[256], s2[256], s[512];
05     char* cp1 = NULL, * cp2 = NULL;
06     printf("1つ目の文字列:");
07     scanf("%s", s1);
08     printf("2つ目の文字列:");
09     scanf("%s", s2);
10     //  s1をsにコピー
11     cp1 = s1;
12     cp2 = s;
13     while (*cp1 != '¥0') {
14         *cp2 = *cp1;
15         cp1++;
16         cp2++;
17     }
18     //  s2をsに追加
19     cp1 = s2;
20     while (*cp1 != '¥0') {
21         *cp2 = *cp1;
22         cp1++;
23         cp2++;
24     }
25     //  最後に'¥0'を追加
26     *cp2 = '¥0';
27     //  結果を表示
28     printf("結合した文字列:%s¥n", s);
```

```
29     return 0;
30 }
```

問題 5-3

- 【解説】

文字列の中に指定したASCIIコードの文字が何文字存在するかをカウントし表示するcount関数を用意し、それをmain関数から呼び出します。main関数で、ASCIIコードの'a'～'z'、'A'～'Z'の2回のループを作り、count関数を呼び出して、それぞれの文字数をカウントし表示します。

Prob503/main.c

```
01 #include <stdio.h>
02 
03 //  文字列の中に指定した単語が何文字入っているかをカウントする
04 void count(char*, char);
05 
06 int main(int argc, char** argv) {
07     char s[256], c;
08     printf("英単語を入力:");
09     scanf("%s", s);
10     //  単語の中に含まれるa~zまでの文字列をカウントする
11     for (c = 'a'; c <= 'z'; c++) {
12         count(s, c);
13     }
14     //  単語の中に含まれるA~Zまでの文字列をカウントする
15     for (c = 'A'; c <= 'Z'; c++) {
16         count(s, c);
17     }
18     return 0;
19 }
20 
21 void count(char* s, char c) {
22     //  文字列を探索するポインタ
23     char* cp = s;
24     //  指定した文字cをカウントする変数
25     int count = 0;
26     while (*cp != '¥0') {
27         if (*cp == c) {
```

```
28                count++;
29            }
30            cp++;
31        }
32        //  1文字以上指定の単語が見つかったら数を表示する
33        if (count > 0) {
34            printf("%c:%d文字¥n", c, count);
35        }
36    }
```

6

6日目　メモリの活用・構造体

6日目の問題の解答です。

6-1 問題 6-1

- 【解説】

コマンドラインの引数に整数が複数与えられた場合、引数 argv の値の argv[1] ～ arfv[args-1] にその値が文字列で入っているので、それを atoi 関数で整数に変換しながら合計を計算します。

Prob601/main.c

```
01 #include <stdio.h>
02 
03 int main(int argc, char** argv) {
04     int i, n, sum = 0;
05     for (i = 1; i < argc; i++) {
06         //  コマンドライン引数の値を整数に変換
07         n = atoi(argv[i]);
08         //  値を表示
09         printf("%d ", n);
10         //  合計を計算
11         sum += n;
12     }
13     printf("¥n合計:%d¥n", sum);
14     return 0;
15 }
```

6-2 問題 6-2

・【解説】

int 型のポインタ変数 a を用意し、malloc 関数で int10 個分のメモリを確保します。すると、a は int 型の長さ 10 の配列と同等に扱うことができるので、この中に配列として値を代入し表示します。

最後に、free 関数でメモリを解放します。

Prob602/main.c

```
01 #include <stdio.h>
02 #include <stdlib.h>
03 
04 int main(int argc, char** argv) {
05     int i;
06     //  int10個分のメモリの確保
07     char* a = (int*)malloc(sizeof(int) * 10);
08     //  確保したメモリへ成分を代入(配列と同等の扱い)
09     for (i = 0; i < 10; i++) {
10         a[i] = i + 1;
11     }
12     //  メモリの中身を表示
13     for (i = 0; i < 10; i++) {
14         printf("%d ", a[i]);
15     }
16     printf("¥n");
17     //  メモリの解放
18     free(a);
19     return 0;
20 }
```

6-3 問題 6-3

・【解説】

指定した通りにソースコードを変更すると次のようになります。

Prob603/main.c

```
01 #include <stdio.h>
02 #include <math.h>
03 
04 //  3次元座標の構造体
05 typedef struct {
06     double x;    //  x座標
07     double y;    //  y座標
08     double z;    //  z座標
09 } Point3D;
10 
11 //  2点間の距離を求める関数
12 double distance3D(Point3D*, Point3D*);
13 
14 int main(int argc, char** argv) {
15     //  p1,p2の2点間の座標設定
16     Point3D p1 = { -1.0,0.0,2.0 }, p2 = { 2.0,1.0,-1.0 };
17     double d = distance3D(&p1, &p2);
18     printf("p1(%lf,%lf,%lf),p2(%lf,%lf,%lf)間の距離は%lfです。¥n"
19         , p1.x, p1.y, p1.z, p2.x, p2.y, p2.z, d);
20     return 0;
21 }
22 
23 double distance3D(Point3D* p1, Point3D* p2) {
24     double diff_x = p1->x - p2->x;
25     double diff_y = p1->y - p2->y;
26     double diff_z = p1->z - p2->z;
27     double distance =
28      sqrt(diff_x * diff_x + diff_y * diff_y + diff_z * diff_z);
29     return distance;
30 }
```

7日目　覚えておきたい知識

7日目の問題の解答です。

7-1 問題 7-1

・【解説】

Sample709は昇順の並べ替えなので、降順に並べ替えるには、比較関数の演算の符号を逆転させるだけです。そのため、昇順の場合「*(int*)a - *(int*)b」だった計算を、「*(int*)b - *(int*)a」とするだけです。

なお、本文で説明した通り、ascは昇順（ascending）の略なので、関数名も降順（descending）の略であるdescに変えてあります。

Prob701/main.c

```
01 #include <stdio.h>
02 #include <stdlib.h>
03 #include <time.h>
04 
05 #define SIZE    4
06 
07 void show(int*);
08 int desc(const void*, const void*);
09 
10 int main(int argc, char** argv) {
11     int a[SIZE], i;
12     //  乱数の初期化
13     srand((unsigned)time(NULL));
14     //  1から10までの乱数を発生させる
15     for (i = 0; i < SIZE; i++) {
16         a[i] = rand() % 10 + 1;
17     }
18     //  配列の初期値の表示
19     show(a);
```

```
20      qsort(a, SIZE, sizeof(int), desc);
21      //  ソートの結果の表示
22      show(a);
23      return 0;
24  }
25
26  //  降順の並べ替えの判定
27  int desc(const void* a, const void* b) {
28      return *(int*)b - *(int*)a;
29  }
30  //  配列の内容の表示
31  void show(int* array) {
32      int i;
33      for (i = 0; i < SIZE; i++) {
34          printf("%d ", array[i]);
35      }
36      printf("¥n");
37  }
```

7-2 問題 7-2

- 【解説】

この問題は文字列を辞書順（昇順）に並べ替えるものです。

基本的な考え方は数値の並べ替えと一緒ですが、並べ替えの規準を決めるのはstrcmp関数を用います。i < j のときに strcmp(a[i],a[j])>0 であれば、順序が逆順になっているので文字列の並べ替えを行います。

文字列の並べ替えは変数 a[i] と a[j] のアドレスを入れ替えることにより実現できます。この方法に気が付くかどうかが、この問題が解けるかどうかのカギになります。

Prob702/main.c

```
01  #include <stdio.h>
02  #include <stdlib.h>
03
04  #define SIZE    5
05
06  void show(char**);
07
08  int main(int argc, char** argv) {
09      int i, j;
```

```
10      char* a[]={"banana","apple","orange","lemon","pineapple"};
11      show(a);
12      //  バブルソート(昇順)
13      for (i = 0; i < SIZE; i++) {
14          for (j = i + 1; j < SIZE; j++) {
15              //  順序が逆なら入れ替える
16              if (strcmp(a[i],a[j]) > 0){
17                  //  a[i]とa[j]の入れかえ
18                  char* tmp = a[i];
19                  a[i] = a[j];
20                  a[j] = tmp;
21              }
22          }
23      }
24      //  結果の表示
25      show(a);
26      return 0;
27  }
28  
29  //  配列の内容の表示
30  void show(char** array){
31      int i;
32      for (i = 0; i < SIZE; i++) {
33          printf("%s ", array[i]);
34      }
35      printf("¥n");
36  }
```

あとがき

この本は、筆者が運営する「一週間で身につくＣ言語の基本」というサイトの内容をもとに、過不足を修正して書籍化したものです。

■一週間で身につくＣ言語の基本
http://c-lang.sevendays-study.com/

そもそも、このサイトを作ったきっかけは、筆者が専門学校の非常勤講師や企業研修などを請け負った際に、市販の書籍やテキストに満足できなかったためです。大体が内容が多すぎて、研修や授業期間内に消化しきれないか、簡単すぎて実力が付かないかのどちらか、というのがそのときの筆者の実感でした。

そんな状況にストレスを感じ、「それだったら、自分でテキストを作ったほうが良いのじゃないだろうか」と思い、「一週間で身につくＣ言語の基本」というサイトを作ったのです。

その後、インプレスの玉巻様からこのサイトの書籍化のご提案をいただき、この本を出版するに至るわけですが、その際には「いかにこの本１冊で初心者に必要な情報がすべて手に入るようにするか」ということにも注力しました。

人が何か新しいことを始めようとしたとき、その情熱と努力を持続させられるのは、せいぜい１週間か10日ぐらいが限度だと筆者は考えています。

ただ、誤解のないように言っておきますと、それは筆者自身も例外ではありません。筆者も何か新しい勉強を始めて１週間ぐらいでよく理解できない場合や、今ひとつ気が乗らなかったら、縁がなかったと思って見切りをつけます。ですので、この本も、それぐらいのスタンスでお付き合いいただければ幸いです。

本書を気楽に読んでいただき、その結果、少しでもＣ言語やプログラミングについてわかっていただけたなら、嬉しいことはありません。理解の定着を図るために、さまざまな例題や練習問題を用意しています。よりＣ言語の理解を深めるために、ぜひチャレンジしてみてください。

最後になりましたが、書籍化のご提案をくださったインプレスの玉巻様、内容をチェックしていただき、適切なアドバイスをくださった畑中様、内容をまとめ編集にご尽力くださったリブロワークスの内形様に、この場を借りて感謝申し上げます。

2020年７月　亀田 健司

索引

記号

数字

A、B

C

T

V、W

ア行

カ行

サ行

タ行

著者プロフィール

亀田健司（かめだ・けんじ）

大学院修了後、家電メーカーの研究所に勤務し、その後に独立。現在はシフトシステム代表取締役として、AIおよびIoT関連を中心としたコンサルティング業務をこなすかたわら、プログラミング研修の講師や教材の作成などを行っている。
同時にプログラミングを誰でも気軽に学べる「一週間で学べるシリーズ」のサイトを運営。初心者が楽しみながらプログラミングを学習できる環境を作るための活動をしている。

■一週間で学べるシリーズ
http://sevendays-study.com/

スタッフリスト

編集	内形 文（株式会社リブロワークス）
	畑中 二四
表紙デザイン	阿部 修（G-Co.inc.）
表紙イラスト	神林 美生
表紙制作	鈴木 薫
本文デザイン・DTP	株式会社リブロワークス デザイン室
編集長	玉巻 秀雄

本書のご感想をぜひお寄せください
https://book.impress.co.jp/books/1120101014

読者登録サービス

アンケート回答者の中から、抽選で**商品券（1万円分）**や**図書カード（1,000円分）**などを毎月プレゼント。
当選は賞品の発送をもって代えさせていただきます。

■ **商品に関する問い合わせ先**
インプレスブックスのお問い合わせフォームより入力してください。
https://book.impress.co.jp/info/
上記フォームがご利用頂けない場合のメールでの問い合わせ先
info@impress.co.jp
●本書の内容に関するご質問は、お問い合わせフォーム、メールまたは封書にて書名・ISBN・お名前・電話番号と該当するページや具体的な質問内容、お使いの動作環境などを明記のうえ、お問い合わせください。
●電話やFAX等でのご質問には対応しておりません。なお、本書の範囲を超える質問に関しましてはお答えできませんのでご了承ください。
●インプレスブックス（https://book.impress.co.jp/）では、本書を含めインプレスの出版物に関するサポート情報などを提供しておりますのでそちらもご覧ください。
●該当書籍の奥付に記載されている初版発行日から3年が経過した場合、もしくは該当書籍で紹介している製品やサービスについて提供会社によるサポートが終了した場合は、ご質問にお答えしかねる場合があります。

■ **落丁・乱丁本などの問い合わせ先**
TEL　03-6837-5016
FAX　03-6837-5023
MAIL service@impress.co.jp
（受付時間／10:00～12:00、13:00～17:30 土日、祝祭日を除く）
●古書店で購入されたものについてはお取り替えできません。

■ **書店／販売店の窓口**
株式会社インプレス 受注センター
TEL　048-449-8040
FAX　048-449-8041
株式会社インプレス 出版営業部
TEL　03-6837-4635

1週間でC言語の基礎が学べる本

2020年8月21日　初版発行
2024年7月21日　第1版第2刷発行

著　者　亀田 健司
発行人　小川 亨
編集人　高橋 隆志
発行所　株式会社インプレス
〒101-0051 東京都千代田区神田神保町一丁目105番地
ホームページ　https://book.impress.co.jp/

印刷所　株式会社ウイル・コーポレーション

ISBN978-4-295-00987-0　C3055

Printed in Japan